ÉLÉMENTS

D'AGRICULTURE.

ÉLÉMENTS

D'AGRICULTURE,

OU

LEÇONS D'AGRICULTURE

APPLIQUÉES AU DÉPARTEMENT D'ILLE ET VILAINE

et à quelques départements voisins,

FAITES AUX ÉLÈVES DE L'ÉCOLE D'AGRICULTURE DE RENNES.

PAR M. J. BODIN,

ANCIEN ÉLÈVE DE GRIGNON,

Directeur de l'Ecole d'Agriculture de Rennes.

OUVRAGE COURONNÉ PAR LA SOCIÉTÉ ROYALE ET CENTRALE D'AGRICULTURE
EN 1840.

RENNES.

IMPRIMERIE DE A. MARTEVILLE, RUE ROYALE.

1840.

A M. BELLA,

Directeur de l'Institution agronomique
de Grignon,

MON ANCIEN MAITRE,

Témoignage d'estime et de reconnaissance

J. BODIN.

SOMMAIRE DES MATIÈRES

CONTENUES DANS CE VOLUME.

PREMIÈRE PARTIE.

BASES DE L'AGRICULTURE.

PREMIÈRE LEÇON.

1. Composition de la terre labourable. — 2. Terre sablonneuse. — 3. Terre argileuse. — 4. Terre calcaire. — 5. Humus. — 6. Influence de l'air sur la végétation. — 7. Terres composées. — 8. Terres tourbeuses. — 9. Sous-sol. — 10. Analyse des terres. — 11. Modifications apportées à la qualité du sol par l'exposition, la nature du sous-sol, les plantes, etc. — 12. Terres du pays.

DEUXIÈME LEÇON.

Amélioration des terres, premier moyen.

1. Division du sujet. — 2. Epierrements et construction des chemins.— 3. Défoncements. — 4. Dessèchements.— 5. Ameublissement du sol. — 6. Destruction des mauvaises herbes. — 7. Clôtures. — 8. Défrichements. — 9. Observations sur les défrichements.

TROISIÈME LEÇON.

Amélioration des terres, deuxième moyen.

QUATRIÈME LEÇON.

Suite de l'amélioration des terres.

CINQUIÈME LEÇON.

Instruments.

SECONDE PARTIE.

CULTURE DES PLANTES.

TROISIÈME PARTIE.

ÉCONOMIE DU BÉTAIL

QUATRIÈME PARTIE.

ASSOLEMENT ET ÉCONOMIE.

QUATORZIÈME LEÇON.

Économie.

e b
ultu
; el
euse
: r
, il
ase (
ous
élio
ot a
ltat,

INTRODUCTION

ET

PLAN DE L'OUVRAGE.

MES JEUNES AMIS,

Le but que nous nous proposons est de contribuer à rendre la culture de notre contrée plus florissante et plus productive ; elle a besoin d'être améliorée ; beaucoup de pratiques vicieuses peuvent être remplacées par des méthodes raisonnées : mais, pour juger de l'état de l'agriculture dans un pays, il est indispensable de connaître les principes qui font la base de cette science.

Nous devons constamment avoir en vue l'augmentation et l'amélioration des produits, afin de tirer le plus grand bénéfice du sol avec le moins de dépenses possible. Pour parvenir à ce résultat, aucun travail n'est indigne du cultivateur.

Gardons-nous aussi de rejeter avant de l'avoir examinée toute pratique ou méthode qui nous paraît vicieuse au premier abord; souvent au milieu de préjugés ridicules on peut découvrir quelque chose d'utile.

Soyons réservés et prudents, écoutons les conseils qu'on nous donnera, pour en profiter lorsqu'ils seront bons, et surtout ne conseillons que ce que nous aurons fait ou vu faire avec succès. Par ce moyen, nous obtiendrons la confiance des cultivateurs, qui ne nous regarderont plus comme de beaux parleurs dangereux, et nos méthodes se propageront à l'avantage de tous ainsi qu'au nôtre.

Dans un pays où la culture a beaucoup de progrès à faire, nous ne devons introduire que les perfectionnements les plus simples et les plus faciles à saisir, et ne pas débuter par des opérations compliquées; car, souvent une bonne entreprise trouve tant d'opposition de la part des personnes que l'on charge de l'exécuter, que le résultat, au lieu d'être avantageux, devient doublement préjudiciable par la perte qu'il occasione et par la prévention qu'il fait naître.

Les employés d'une ferme ayant toujours une répugnance extrême à se servir des instruments qu'ils ne connaissent pas, il faut dans ces essais beaucoup de circonspection et une connaissance exacte du mérite de ceux qu'on veut faire adopter. Qu'une étude suffisante de votre part précède toujours l'emploi de ces instruments : alors seulement vous pourrez les mettre en œuvre sans trop de peine, parce que votre volonté, d'autant plus ferme qu'elle s'appuiera sur la conviction, triomphera de l'apathie ou du mauvais vouloir des autres.

La carrière de l'agriculture est sans contredit celle qui permet l'existence la plus paisible; mais celui qui s'y livre doit aimer son état, le bien connaître, marcher avec précaution, même en appliquant les meilleures méthodes, et surtout se garder de changer brusquement et sans refflexion le système de culture qu'il veut modifier ; autrement, il s'expose à de graves mécomptes qui compromettent également ses intérêts et ceux de l'agriculture elle-même.

Nous traiterons successivement et rangées dans l'ordre suivant, les branches les plus importantes de l'agriculture .

Première Partie.
- Études des terres.
- Amélioration des terres.
- Amendements et engrais.
- Instruments.

Deuxième Partie.
- Culture des plantes.

Troisième Partie.
- Économie du bétail.

Quatrième Partie.
- Assolements.
- Économie rurale.

Un petit annuaire agronomique approprié au pays terminera notre travail.

que
, l'
tre
osit
us.

de
de

ÉLÉMENTS
D'AGRICULTURE.

PREMIÈRE PARTIE.

BASES DE L'AGRICULTURE.

PREMIÈRE LEÇON.

DE LA NATURE DES TERRES.

1. — La terre labourable est composée de trois parties que nous nommerons élémentaires (1); ce sont le sable, l'argile, et le calcaire ou pierre à chaux.

Outre ces trois terres élémentaires, il entre dans la composition du sol une matière terreuse qu'on nomme humus.

2. — La terre sablonneuse est principalement composée de grains plus ou moins fins, ou grossiers, n'ayant point de liaison entre eux, ne s'amollissant point dans

(1) En agriculture, on appelle ces parties élémentaires, quoiqu'elles soient réellement composées.

1**

l'eau, et ayant la propriété de rayer le verre et le fer. Elle est très-divisée, sèche et retient peu l'humidité, qui la traverse comme un crible. La sécheresse de la terre sablonneuse est encore augmentée par la propriété de s'échauffer très-facilement et de ne perdre sa chaleur que lentement.

Les labours profonds, l'emploi des fumiers gras et bien consommés, qui tendent à conserver l'humidité, sont de très-bons moyens pour améliorer cette sorte de terre.

3. — La terre argileuse est douce au toucher, happe fortement à la langue (c'est-à-dire s'y attache), lorsqu'elle est sèche; se pelotonne et se pétrit sous les doigts, lorsqu'elle est humide; durcit et se crevasse par la chaleur, et retient fortement l'eau. Dans ce dernier état, elle a une odeur qui lui est propre.

Sa grande ténacité empêche l'humus de se décomposer trop promptement, et, par cette raison, les terres argileuses s'épuisent moins que celles qui sont plus légères; mais il faut qu'elles soient imprégnées de beaucoup d'humus pour se montrer fertiles, parce que les plantes n'y étendent leurs racines qu'avec difficulté.

Les labours profonds qui permettent à l'eau de pénétrer plus avant, et par cette raison, de moins gêner les racines des plantes qui se trouvent à la surface; les raies d'écoulement, les fumiers chauds et pailleux qui divisent le sol, doivent être mis en usage pour dessécher et ameublir les terres argileuses.

4. — La terre calcaire est ordinairement blanche, assez légère, bouillonnant quand on verse dessus un peu de bon vinaigre, ou ce qui vaut mieux encore, un acide

plus énergique ; par exemple, l'eau forte ou acide nitrique.

De même que les terres sablonneuses et argileuses, la terre calcaire est peu productive lorsqu'elle est pure ; elle devient très-fertile lorsqu'elle est mélangée avec les autres terres et fumée convenablement. Elle se dessèche très-vite, décompose promptement les fumiers, et ne permet pas à l'humus acide et astringent, dont nous parlerons bientôt, de se former dans le sol.

On doit y maintenir l'humidité au moyen de labours profonds, qui, en lui permettant de descendre plus avant, s'opposent à son évaporation, et des fumiers des bêtes à cornes ou fumiers froids.

5. — La terre formée des éléments dont nous venons de parler (1) ne fournit que très-peu à la nourriture des plantes ; elle donne seulement un appui à leurs racines et sert en quelque sorte de réservoir à l'humidité, à la chaleur et aux débris animaux et végétaux qui en s'y décomposant forment l'humus et alimentent les plantes.

L'humus est formé de débris de plantes et d'animaux. C'est une matière légère, et se pulvérisant facilement lorsqu'elle est sèche ; douce au toucher lorsqu'elle est humide ; combustible, et dans laquelle on ne peut reconnaître les substances qui l'ont formée.

Il ne suffit pas que les matières végétales ou animales soient pourries ou décomposées pour former de l'humus, il faut que sa préparation s'achève dans le sol. La formation de l'humus est bien plus prompte dans les terres

______

(1) Toutes les terres contiennent du sable et de l'argile ; mais quelques-unes sont privées de calcaire, élément qui donne une grande fertilité au sol, quand il s'y trouve en proportions convenables.

calcaires que dans les terres sablonneuses, et plus lente dans l'argile que dans les deux autres.

L'humus, qui est la base de toute fertilité, puisqu'il est la principale nourriture des plantes, contient quelquefois des substances qui neutralisent son action ; ainsi l'humus qui s'est formé sous l'influence d'une trop grande humidité, est acide et impropre à la culture ; celui qui s'est formé dans les landes par la décomposition des bruyères est astringent, parce qu'il contient une grande quantité de tannin (1). Ces sortes d'humus ont besoin pour devenir propres à la végétation, d'être rendus solubles au moyen de fumiers, de la chaux, des cendres et de toutes autres matières qui, soit en fermentant dans le sol, soit par l'action caustique qu'elles exercent, détruisent ces principes astringents ou acides. C'est à l'existence de ces mauvais principes que quelques terres nouvellement défrichées doivent leur peu de fertilité, quoiqu'elles paraissent riches en humus.

6. — L'air, qui est aussi indispensable à la vie des plantes qu'à celle des animaux, peut apporter de grandes modifications à la végétation, suivant les principes dont il est chargé (2). Ainsi, l'on a reconnu que les terres situées dans le voisinage des villes, sont plus fertiles que celles qui sont éloignées des grands centres de population ; que les vapeurs qui s'élèvent des marais exercent

(1) Le tannin qui se trouve en plus ou moins grande quantité dans un grand nombre de végétaux, sert, en se combinant avec le cuir des animaux, à lui donner beaucoup de solidité et de durée.

(2) En comparant l'énorme masse de plantes produites par un champ, avec la petite quantité de matières nutritives qui se trouvent dans la terre, on sera facilement convaincu que ce n'est pas seulement l'humus du sol qui a pu suffire à la nourriture de ces plantes, mais que l'atmosphère en a fourni sa bonne part.

une influence nuisible sur la végétation et sur la santé des hommes et des animaux, et que le voisinage des forêts entretient une humidité presque continuelle dans les terres des environs.

7.—Du mélange des trois terres élémentaires, il résulte un grand nombre de sols composés, que l'on désigne par le nom des terres qui y dominent; on dit qu'une terre est argilo-sablonneuse, lorsqu'elle est composée d'argile et de sable; argilo-calcaire, lorsqu'elle est composée d'argile et de calcaire.

Les mélanges bien entendus produisent souvent de très-bons résultats; ainsi, lorsqu'on a une terre dont les défauts peuvent corriger les défauts d'une autre terre, on peut les mélanger avec avantage, en ne perdant point de vue que les terres que l'on veut introduire dans un autre sol, doivent avoir des qualités tout opposées à celles du terrain que l'on veut améliorer. On peut corriger l'excès de sable par l'argile et réciproquement, et le calcaire produira toujours un très-bon effet, quand il sera introduit dans les terres qui n'en contiennent que très-peu ou pas du tout.

Ces mélanges, quoique bons, sont ordinairement très-dispendieux, et ne doivent être mis en pratique que lorsque les terres à mélanger se trouvent très-près l'une de l'autre, ou bien lorsqu'on les rencontre dans les couches inférieures du terrain même, ce qui arrive quelquefois pour le calcaire. En hiver on peut occuper les attelages très-avantageusement au transport de ces terres.

8. — On nomme terre tourbeuse une substance noirâtre composée de matières végétales, dont la décomposition n'a eu lieu qu'imparfaitement; elle a à peu près

les mêmes propriétés que l'humus acide, quoique cependant on ne puisse pas lui donner ce nom, puisqu'elle n'est pas encore assez décomposée pour former de l'humus. Les terres où la tourbe domine ne produisent que des herbes grossières; on doit d'abord les dessécher, les exposer à l'air, et les mêler avec des substances qui facilitent leur décomposition : telles sont la chaux et les cendres. On rencontre souvent la tourbe dans les prairies humides et de mauvaise qualité. Ces prairies tremblent sous les pieds, et l'on peut y enfoncer sans résistance des perches de quelques mètres de longueur.

Ces amas de tourbe peuvent être utilisés comme combustible, c'est-à-dire comme matière à brûler.

On peut aussi les employer comme engrais. Nous en parlerons dans la leçon qui traitera de ce sujet.

9. — Sous la première couche de terre que nous nommerons terre labourable ou couche de terre végétale, il s'en trouve une autre plus ou moins épaisse, et reposant elle-même sur d'autres couches terreuses dont nous n'aurons point à nous occuper. Elle varie autant dans sa composition que la couche qui se trouve à la surface, mais elle ne contient ordinairement que très-peu d'humus, et n'a pas été fertilisée par l'air comme celle qu'on a divisée par les labours, et améliorée au moyen des amendements et des engrais. On donne le nom de soussol à cette couche de terre.

Lorsque le sous-sol composé de sable ou de calcaire laisse passer facilement l'eau, il est dit *perméable ;* lorsqu'au contraire il est formé d'argile ou de bancs pierreux, qui retiennent fortement l'eau, il est dit *imperméable.*

Le premier est favorable aux terres de nature humide, le second à celles qui se dessèchent trop promptement. On peut reconnaître la nature du sous-sol dans les fossés, les éboulements, ou bien au moyen de tranchées pratiquées exprès.

L'épaisseur de la couche de terre labourable varie beaucoup ; en général on peut dire que plus celle-ci est épaisse plus elle est fertile, parce que les racines des plantes peuvent mieux s'y étendre et y trouvent plus de matières nutritives.

10. — On peut, au moyen de l'analyse, il est vrai un peu imparfaite, que nous donnons ici, reconnaître la présence des éléments qui dominent dans le sol. La terre calcaire se dissout dans un mélange composé d'eau et d'un autre liquide nommé acide hydrochlorique ou muriatique (1) : le sable tombe au fond, et l'argile surnage quelques instants. Ainsi en délayant dans le mélange un morceau de la terre que l'on veut essayer et que l'on a soin de peser après l'avoir séchée, et en ajoutant de l'acide aussi long-temps qu'il y aura bouillonnement, on fera dissoudre tout ce qu'il y aura de calcaire, et l'on pourra en connaître le poids en pesant le reste après avoir versé doucement l'eau et pesé le dépôt séché de nouveau. Il est évident que la différence de la première à la seconde pesée, sera le poids du calcaire dissous dans l'eau acidulée.

Pour s'assurer de la quantité d'argile et de sable qui restent après cette opération, on délaie de nouveau dans de l'eau, sans mélange d'acide ; on verse l'eau trouble

____

(1) On trouve cet acide chez tous les droguistes et les pharmaciens.

dans un autre vase; le sable tombe au fond du premier et l'argile au fond du second. On doit laver une ou deux fois pour séparer toute l'argile du sable.

11. — Ces moyens de connaître à peu près la composition du sol peuvent aider dans l'examen des terres d'un domaine; mais ils ne suffisent pas, car les mélanges des éléments qui constituent le sol sont si variés de formes et de proportions, qu'il faut nécessairement qu'après s'être aidé de la simple analyse que nous venons de donner, l'agriculteur se fasse une classification à lui pour chaque localité, en comparant les terres qu'il veut examiner avec celles dont il connaît déjà les qualités.

En effet, il peut exister une grande différence entre deux champs qui, par l'analyse d'une motte de terre prise à la surface de chacun d'eux, déceleraient les mêmes qualités. L'influence de l'exposition, de l'inclinaison; celle du sous-sol et des environs, celle de l'épaisseur de la couche de terre labourable, peuvent augmenter ou diminuer la qualité du terrain.

Ainsi, on voit souvent des terrains sablonneux en pente exposées au soleil, et reposant sur un sous-sol très-sec, ne produire que des récoltes misérables, tandis que ces mêmes terrains, moins en pente, à l'abri de la trop grande sécheresse, et reposant sur un sous-sol un peut compacte, présenteraient une végétation vigoureuse.

12. — La plupart des terres de notre pays contiennent du sable et de l'argile; mais très-peu offrent du calcaire. L'argile domine dans beaucoup de localités: c'est pour cette raison que les fumiers d'étable et les labours d'été et d'automne conviennent beaucoup.

Le sous-sol est souvent imperméable; la pierre appelée *schiste*, et que dans le pays on nomme *tuf*, est surtout très-répandue; lorsqu'il est tendre et feuilleté, il est moins imperméable que celui qui est tout-à-fait dur.

On rencontre souvent, dans les environs de Rennes, un sous-sol schisteux, feuilleté et mou; mais comme il se trouve presque toujours placé à une assez grande profondeur, il ne nuit pas à la qualité de la terre.

Vous connaissez le schiste rouge dont on se sert pour construire, et que l'on nomme pierre de *cahos*; ce schiste forme un sous-sol très-nuisible lorsqu'il est à la surface; les terres qui le recouvrent sont souvent rougeâtres et de mauvaise qualité; elle sont très-sèches en été et très-humides en hiver.

Nos cultivateurs donnent au sol quelques dénominations qui en indiquent assez bien les principaux caractères.

Ainsi ils appellent terre à seigle, terre légère ou petite terre, les terrains sablonneux; terre à froment, terre forte ou grosse terre, les terrains où l'argile domine, et enfin terre mouillée ou terre *crue* les terres qui reposent sur des bancs imperméables, et dont le peu d'épaisseur de la couche labourable permet à l'eau de séjourner presque continuellement à la surface du sol.

Ces notions vous suffiront, si vous apportez toujours une attention constante à l'examen des qualités variées de votre terre; sans cet esprit d'observation, nos conseils vous deviendraient inutiles.

DEUXIÈME LEÇON.

AMÉLIORATION DES TERRES.

PREMIER MOYEN.

1. — On peut améliorer la terre de deux manières : 1° en corrigeant ses défauts, sans y introduire de matières nutritives pour les plantes ; 2° en augmentant sa fertilité, au moyen des engrais et des amendements.

La première comprend plusieurs opérations, dont les principales sont : les épierrements et la construction des chemins, les défoncements, les défrichements, l'ameublissement du sol, la destruction des mauvaises herbes, les clôtures et les défrichements.

2. — Lorsque la terre est couverte de pierres, on peut les enlever et en tirer un bon parti pour l'amélioration des chemins. Pour les employer à cet usage, on les brise en morceaux tout au plus de la grosseur d'un œuf ; sans cette précaution, les grosses pierres isolées rendent les chemins encore moins praticables, car, les roues des voitures retombant avec beaucoup de force après avoir monté sur une grosse pierre, brisent les petites qui se trouvent à côté, et il finit par en résulter un énorme trou. Aussi, voyez-vous que les pierres employées à l'entretien des routes sont toutes cassées avec soin, et en quelques lieux, même, on les mesure en les faisant passer dans un anneau, afin que les ouvriers n'en laissent pas de trop grosses.

Avant d'étendre les pierres cassées, sur le chemin, il faut d'abord l'égouter (1) au moyen de fossés creusés de chaque côté, et en le bombant légèrement.

Ce n'est pas non plus en hiver que les pierres doivent être déposées sur les chemins bourbeux ; il faut que leur surface soit bien dressée et sèche.

Les pierres qui sont trop grosses pour être transportées entières, et qui exigeraient trop de dépenses pour être mises en pièces, en les faisant sauter au moyen de la poudre, ou en les fendant avec des coins, peuvent être enfouies sur le sol même. Pour atteindre ce but, on creuse à côté des pierres des trous dans lesquels on les fait culbuter, et qu'on a soin de faire assez profonds pour qu'elles ne gênent pas le travail des charrues.

D'après ce que nous venons de voir, les épierrements peuvent augmenter de beaucoup la valeur du sol.

Les travaux sont faciles dans les champs qui ne contiennent pas trop de pierres ; les instruments s'usent moins vite, les animaux ont moins de peine, et les prairies artificielles peuvent être fauchées plus régulièrement. Les avantages qui résultent de la bonne construction et de l'entretien des chemins sont au moins aussi grands ; lorsqu'on a de bons chemins, on peut faire, avec un petit nombre d'animaux, autant de travail qu'avec le double dans de mauvais ; on ne brise point les charrettes ni les attelages, on transporte les produits du sol avec facilité, et l'on peut, lorsqu'on est à portée, ame-

(1) Lorsque l'ombrage d'une grande quantité d'arbres empêche les chemins de se dessécher rapidement, ou qu'un nivellement imparfait maintient l'humidité dans quelques parties, il ne tarde pas à se détériorer, car l'eau ramollissant la surface permet aux roues d'y creuser des ornières qui deviennent de plus en plus profondes.

ner des fumiers étrangers à l'exploitation. Malgré tous ces avantages bien reconnus aujourd'hui, la plupart des cultivateurs ne se prêtent que difficilement aux travaux qu'on exige d'eux pour l'entretien des chemins. N'imitez point cette indifférence et cette mauvaise volonté ; et si un chemin passe sur votre propriété, faites tous les efforts possibles pour aider à sa construction ; sacrifiez vos arbres et même quelques mètres de terre, dont vous serez amplement dédommagés par les avantages immenses que vous retirerez de la communication facile que vous procurera le chemin.

3. — On défonce le sol pour augmenter la couche de terre végétale, ou pour la débarrasser d'une humidité surabondante.

On défonce à la bêche ou à la charrue ; ce dernier moyen est le plus ordinaire, et pour l'exécuter on emploie deux charrues qui marchent successivement dans la même raie.

On doit fumer fortement un sol qu'on veut défoncer, car la terre qu'on ramène ainsi à la surface a besoin de parties fertilisantes.

Le froment réussit mal sur un labour de défoncement ; c'est pour cette raison qu'il est plus prudent d'exécuter ces labours sur la terre que vous destinerez aux plantes sarclées qui s'en trouvent très-bien. Plus tard, lorsque les labours et les engrais auront amélioré et mêlé la partie du sous-sol ramené ainsi à la surface, le froment réussira mieux.

La profondeur du labour dépend de l'épaisseur de la couche de terre végétale, de l'espèce de plante que l'on veut cultiver et de la quantité de fumier dont on peut disposer. En général, les plantes sarclées veulent un labour plus profond que les céréales, quoique ces dernières s'en accommodent bien dans les terres de bonne qualité et riches en humus.

4. — Les terres où l'eau séjourne doivent en être débarrassées ; on opère les dessèchements de différentes manières. Lorsque le sol a une pente naturelle, il ne s'agit que de faire des saignées ou rigoles qui conduisent l'eau hors de la pièce de terre.

Lorsqu'il n'y a pas une pente suffisante pour faciliter l'écoulement des eaux, on creuse de distance en distance de larges fossés ; ce qu'on en retire sert à relever les parties les plus basses ; c'est ce qu'on pratique avantageusement dans les prairies humides.

Les labours profonds, qui défoncent le sol, favorisent aussi l'écoulement des eaux.

5. — L'ameublissement du sol s'opère de deux manières : au moyen des labours et des hersages répétés ; et au moyen des substances qui le divisent, tels sont les fumiers pailleux.

Quand on veut ameublir une terre, il est essentiel de ne la travailler que lorsqu'elle est assez sèche pour ne pas s'attacher aux instruments ; autrement elle forme une espèce de pâte, se durcit et les labours sont plus nuisibles qu'utiles.

Le plus grand obstacle à l'ameublissemet du sol, dans notre pays, vient de ce que les cultivateurs laissent leurs vaches tout l'hiver, au moins la moitié du jour, sur les terres qui doivent êtres semées en sarrazin. Lorsque la saison des pluies est arrivée, ces animaux pétrissent le sol comme un mortier, et il se durcit aux premières sécheresses du printemps. Alors les mottes de terre, dures comme des pierres, ne peuvent être brisées qu'à coups de masses.

Cette pratique de tenir les animaux sur les champs pendant tout l'hiver, est une des plus vicieuses de la culture habituelle du pays; car les animaux ne trouvent qu'une maigre nourriture sur les terres qui leur sont ainsi abandonnées après la récolte de la deuxième céréale.

L'action de la gelée, en gonflant l'eau qui se trouve renfermée dans les terres argileuses, divise leurs parties et les rend très-meubles.

6. — Les mauvaises herbes ou plantes nuisibles sont celles qui croissent dans les récoltes malgré les soins de l'homme, et qui font tort à la végétation des plantes utiles. Elles sont de deux espèces : celles qui se reproduisent par leurs graines, et celles qui se reproduisent par leurs graines et par leurs racines. Pour se débarrasser de celles qui se reproduisent seulement par leurs graines, telles que les moutardes sauvages les, ravenelles ou russes, le coquelicot, la mercuriale ou ramberge, etc., on donne de fréquents labours qui facilitent leur développement; ensuite on les détruit au moyen des cultures données aux plantes sarclées, ou par l'action des prairies artificielles dont la croissance étouffe les parasites.

Pour faire périr les plantes qui se reproduisent à la fois par leurs graines et par leurs racines, telles que le chiendent, les agrostis ou éternues, l'avoine à chapelet dite patenôtre, les liserons qu'on nomme communément liornes, etc., on emploie les mêmes moyens, et en outre les labours en temps sec.

Parmi les plantes sarclées, on peut regarder la pomme de terre comme une des plus convenables pour détruire les mauvaises herbes, car outre les binages et les sarclages répétés qu'on est forcé de lui donner, lorsqu'on veut en obtenir une récolte abondante, sa végétation vigoureuse et l'ombrage de ses feuilles ne permettent guère aux autres plantes de se développer sur le terrain qu'elle occupe. Lorsque la culture de la pomme de terre est bien conduite, elle laisse le sol très-propre ; ainsi vous avez vu dans les champs de l'École que les mauvaises herbes, qui s'y trouvaient en quantité prodigieuse, ont presque disparu en entier après cette culture.

Quelques amendements, tels que la chaux, facilitent aussi la destruction des mauvaises herbes.

Notre température un peu humide, et notre sol argileux favorisent la reproduction des mauvaises herbes ; mais, plus que tout le reste, la culture vicieuse du pays contribue à les multiplier. Ce serait donc en vain que vous chercheriez à nettoyer vos terres avant d'avoir modifié l'assolement en usage.

7. — Les clôtures sont de deux espèces : sèches ou vives. Les premières sont peu durables et très-dispendieuses ; les secondes sont composées de plusieurs arbrisseaux et surtout d'aubépine ou épine blanche.

Pour se procurer de bon plant, on ramasse la graine en automne, on la met pendant tout l'hiver dans du sable et à l'abri du froid, puis l'on sème au printemps, sur une terre bien meuble et bien dressée, en lignes espacées d'environ 25 à 30 centimètres. On assure la réussite du semis, en le recouvrant d'une légère couche de terreau de feuilles ou de tout autre terreau végétal.

On sarcle et on bine les jeunes plants d'aubépine jusqu'à ce qu'ils soient assez forts pour être transplantés, ce qui a lieu vers la troisième ou la quatrième année.

Lorsqu'on fait des fossés, on place, en faisant le talus, deux ou trois rangs d'aubépine, de manière que le premier se trouve au niveau du sol, le second au milieu et le troisième sur le haut. (Fig. 1). Par ce moyen, les haies sont beaucoup plus fournies que lorsqu'on ne plante que sur un seul rang. Au bout de deux ou trois ans, lorsque la jeune haie est bien prise, on peut la receper au ras de terre, afin de la faire garnir du pied. On taille ensuite ces haies, ou bien on les exploite comme bois de chauffage.

Un des soins les plus importants, c'est de préserver les jeunes haies de la dent du bétail.

L'ajonc épineux, que l'on emploie aussi comme fourrage, fait de très-bonnes haies. Elles croissent avec une grande rapidité, mais elles sont moins durables que celles qui sont faites d'aubépine. On doit semer l'ajonc en place, et non le transplanter.

On sème la graine au printemps sur les talus des fossés, dans de petites rigoles de deux à trois centimètres de profondeur. Il est convenable lorsqu'on veut avoir une haie bien garnie, de semer deux ou trois rangs d'ajonc, espacés l'un de l'autre d'environ 20 centimètres.

A la troisième ou quatrième année, on rabat les jeunes plants au ras de terre, afin de les rendre plus touffus.

Lorsque ces haies ont atteint une hauteur d'un mètre, on peut les tailler, ou bien on les coupe tous les cinq ou six ans et l'on se sert du bois pour chauffer le four.

Les retailles des haies d'ajonc peuvent être avantageusement employées à la nourriture des animaux qui en sont très-friands ; on doit , avant de les employer à cet usage , les piler pour briser les épines, comme nous le dirons, lorsque nous nous occuperons de l'ajonc fourrage.

8. — On défriche de deux manières : en labourant tout simplement à la charrue, ou en faisant précéder le labour d'un écobuage. Dans le premier cas les engrais et les amendements excitants tels que la chaux , les cendres et les fumiers de cheval conviennent beaucoup, parce que , comme nous l'avons déjà dit en parlant de l'humus, ces substances tendent à ramener à l'état d'humus doux, l'humus souvent astringent ou acide, que l'on rencontre presque toujours dans les landes.

Lorsqu'on veut écobuer, on enlève avec une large houe la surface du sol qu'on laisse sécher, et ensuite on dispose les croûtes de gazon en forme de petits fourneaux, en ayant soin de placer en dedans le côté qui est couvert d'herbes sèches ; on met le feu au fourneau , et lorsqu'il est bien allumé on en bouche l'entrée.

Cette opération a des effets très-avantageux dans les terres argileuses et compactes ou tourbeuses, mais elle est presque toujours nuisible dans les terres sablonneuses, et surtout sur les calcaires, parce que l'humus qui peut brûler se trouvant détruit, il ne reste plus qu'une cendre dont l'action se fait fortement sentir dans les premières années, mais qui a peu de durée.

9. — Les défrichements qui se font auprès d'une exploitation déjà en activité sont beaucoup plus faciles et moins dangereux à entreprendre , parce qu'on a plus de ressources.

Mais si vous tentez le défrichement des landes sur les-

quelles vous ne trouvez ni moissons, ni terres labourées, il vous faut d'avance un fort capital, c'est-à-dire
une grande somme en argent, ou beaucoup d'engrais,
de bestiaux, d'instruments, etc., car les défrichements
ne compensent que dans un temps fort éloigné les frais
qu'ils ont coûté, et on doit les considérer comme le dernier effort d'une agriculture perfectionnée.

Le résultat trop ordinaire des défrichements, dans un
pays où les cultures établies laissent autant à désirer
qu'en Bretagne, est le retour inévitable à l'état de landes. Il faut, avant de faire de telles entreprises, produire
une assez grande quantité d'engrais pour, d'un côté,
maintenir en état de fertilité les terres déjà en rapport,
de l'autre, assurer aux terres nouvellement défrichées
les engrais et les fourrages nécessaires à leur entretien.

TROISIÈME LEÇON.

AMÉLIORATION DES TERRES.

SECOND MOYEN.

1. — Le deuxième moyen d'améliorer les terres consiste dans l'emploi des amendements et des engrais nutritifs ou nourrissants. Les amendements les plus ordinaires sont la marne, la chaux et le plâtre.

2. — La marne est une substance terreuse, principalement composée de calcaire (carbonate de chaux) et

d'argile ; ces deux matières terreuses sont intimement liées, et leur liaison est tellement parfaite, que nous ne pourrions imiter cette combinaison de la nature en mélangeant du calcaire et de l'argile.

En déposant un échantillon de marne dans un vase rempli d'eau elle s'y délaie comme l'argile, et elle bouillonne dans les acides comme le calcaire. Sa couleur est très-variable ; cependant la blanche est la plus commune. Sa forme est aussi très-variable ; on la rencontre tantôt sous forme de poudre, de pierres ou de pâte, mais toujours ayant la propriété de se déliter à l'air et dans l'eau, comme la chaux.

La marne agit de deux manières ; 1° elle modifie la composition du sol en lui donnant de la liaison, ou en le divisant, suivant que l'argile ou le sable s'y trouvent en plus ou moins grande quantité ; 2° elle favorise la décomposition des matières nutritives pour les plantes, qui se trouvent quelquefois dans le sol dans une espèce d'état d'engourdissement ou d'inertie, aussi convient-elle beaucoup dans les défrichements (1). Toutes les marnes ne peuvent être employées sans choix ; par exemple, celles qui contiennent beaucoup d'argile conviennent moins aux terres argileuses que celles ou la chaux domine, et réciproquement (2).

On rencontre la marne à différentes profondeurs. Lorsqu'elle est dure, on la laisse exposée à la gelée pendant un hiver, et quand elle est assez divisée, on la

____

(1) Le marnage est un moyen très-efficace pour la destruction des plantes nuisibles.

(2) On s'assure de la composition de la marne par les mêmes moyens que nous avons indiqués pour l'analyse des terres.

transporte sur les champs, où elle doit être étendue très-également.

Ses effets se font sentir pendant plusieurs années, et, en général, ils sont d'autant plus durables que la marne a été plus long-temps à agir.

Il est difficile de fixer la quantité de marne que l'on doit employer, parce que cette quantité dépend de la composition du sol et de celle de la marne ; mais en général il en faut moins si elle est calcaire que si le sable et l'argile y dominent. D'un autre côté, les terrains compactes et humides en supportent une plus grande quantité que ceux qui sont plus légers.

La quantité à employer par hectare peut varier de 60 à 150 mètres cubes.

La marne n'est point commune dans le département d'Ille-et-Vilaine ; aussi son emploi est-il complètement inconnu.

Je vous engage à faire l'essai de toutes les terres qui vous offriraient quelque apparence de cette matière terreuse, car une pareille découverte doublerait de valeur l'exploitation où vous la feriez.

3. — Le calcaire (*carbonate de chaux*) qu'on a fait cuire, c'est-à-dire celui qui est réduit à l'état de chaux vive, est aussi employé avec avantage en agriculture. Son action est très-excitante, et convient particulièrement aux terres tourbeuses et aux terres argileuses, qui contiennent peu de calcaire.

L'action de la chaux est d'autant plus forte qu'elle trouve dans le sol plus de matières nutritives à dissoudre, parce que c'est plutôt comme dissolvant qu'elle agit que comme substance nutritive.

Dans les terres nouvellement défrichées, où il se trouve une grande quantité de matières à décomposer et d'humus insoluble, la chaux produit souvent des effets remarquables.

La chaux, qui doit être regardée comme un des plus puissants moyens d'amélioration du sol, peut aussi, lorsqu'elle est employée avec profusion, détruire en entier sa fertilité. En effet, l'action décomposante de la chaux permettant aux plantes de s'emparer facilement de l'humus qui existe dans la terre, celle-ci se trouverait promptement privée de cette substance, si le cultivateur ne réparait ses pertes au moyen des engrais véritablement nourrissants.

On emploie la chaux de différentes manières : les deux plus simples et les plus usitées consistent à déposer la chaux vive en petits tas sur le champ que l'on veut amender et à la recouvrir de terre ; lorsqu'elle est bien éteinte, c'est-à-dire une huitaine de jours après, on mélange la terre et la chaux, et l'on recouvre d'une nouvelle couche de terre le tas qui vient d'être mélangé ; ensuite, après avoir remué le tout encore une ou deux fois, on étend très-exactement le mélange par un temps sec.

Il est important que la chaux soit répandue bien également et que la pluie ne survienne pas avant qu'elle ait été enfouie par un léger labour.

L'autre méthode, qui est à peu près la même, diffère en ce qu'au lieu de déposer la chaux en petits tas sur toute la surface du champ, on la met en plus gros tas dans les *forières* des champs, et qu'on y mêle des gazons qui servent aussi à la recouvrir. On la remue, comme dans la première méthode, deux ou trois fois, et ensuite on la transporte sur le champ, où elle est étendue avec exactitude, comme nous l'avons dit.

Lorsque l'on n'est pas trop pressé, cette dernière méthode est préférable, parce que l'action décomposante de la chaux, agissant sur les matières végétales qui se trouvent dans les gazons procure au sol des matières nourrissantes.

On peut, au moyen de la chaux vive, réduire à l'état de terreau une grande quantité de matières végétales, telles que des bruyères, des feuilles, des mousses, etc.

On emploie de vingt à trente barriques par hectare (46 à 69 hectolitres).

Pour les terres qui ne contiennent pas de calcaire, on doit choisir la chaux la moins argileuse; ainsi, celle qui est blanche et légère est ordinairement préférable à celle qui est grise et dure.

4. — La vase de mer et le sable sont aussi employés comme amendements; ils agissent sur le sol par les parties calcaires et salines qu'ils contiennent.

La tangue produit surtout de très-bons effets dans les terres argilo-siliceuses.

Mais, comme tous les autres amendements, la tangue et le sable de mer ne dispensent pas de fumer, et il faut éviter de les employer trop abondamment.

5. — On se sert du plâtre (*sulfate de chaux*) pour exciter la végétation, en l'appliquant sur les feuilles, surtout sur les feuilles des plantes de la famille des légumineuses (1).

____

(1) On appelle ainsi des plantes dont la fleur a la forme du papillon, et dont les graines sont le plus souvent renfermées dans une *gousse* ou

On l'emploie cuit ou non cuit et reduit en poudre fine; la quantité à semer par hectare, est de trois à quatre hectolitres.

Lorsque les plantes couvrent le sol, on sème le plâtre par un temps humide, ou le matin après une forte rosée, afin qu'il s'attache aux feuilles.

Cet amendement est encore peu connu dans la culture du pays; il est probable qu'il y produirait de bons effets sur les prairies artificielles, qui elles-mêmes sont peu en usage.

Le plâtre produit en général moins d'effet sur les terres humides et compactes que sur celles qui sont plus sèches.

C'est probablement pour cette raison que les essais que nous faisons depuis quatre à cinq ans n'ont eu que de faibles résultats; il est à supposer qu'on en obtiendrait de très-satisfaisants sur les terres moins fortes que les nôtres; ce sont de petits essais que vous devrez tenter dans les localités où vous vous trouverez.

6. — Les cendres, les urates (*chaux melangée à l'urine*) sont considérés comme des amendements; cependant ils agissent aussi comme des engrais nutritifs.

Les cendres lessivées ou non lessivées produisent un bon effet sur les prairies; elles ont la propriété d'augmenter aussi la production des trèfles; on emploie 20 à 30 hectol. par hectare. Lorsqu'on applique les cendres aux terres labourées, c'est plus particulièrement aux

cosse plus ou moins allongée; tels sont : les haricots, les pois, les fèves, la luzerne, le sainfoin et aussi le trèfle, etc. On ne doit pas les confondre avec celles que l'on appelle ordinairement *légumes*, comme les oignons, les choux, les carottes, etc. qui appartiennent à d'autres familles.

cultures de printemps ou d'été, telles que celles du sarrazin, du froment de printemps, de l'orge, etc.

On doit aussi les semer sur une terre très-meuble, et les mélanger au sol par un trait de herse ou un léger labour.

7. — Les urates ont une action à la fois nutritive et excitante; ils conviennent bien au printemps, pour ranimer la végétation des plantes qui paraissent souffrantes.

8. — Le noir animal est un résidu, c'est-à-dire une espèce de *marc* provenant des raffineries de sucre, et composé en partie de charbon d'os; son action est nutritive et excitante; il produit un très-bon effet sur les terres nouvellement défrichées.

Le noir animal est employé maintenant en grande quantité dans notre pays; malheureusement le mélange et les fraudes de toutes natures ont détruit la confiance qu'on avait dans cet engrais (1), dont l'emploi est d'ailleurs si précieux dans un commencement d'exploitation, surtout lorsque les voies de communication sont difficiles.

On emploie le noir animal à raison de 6 hectol. par hectare.

(1) Lorsque l'on met du noir animal sur une pelle rouge, on reconnaît facilement à l'odeur de la fumée qui s'en échappe, s'il a été fraudé avec de la tourbe ou avec de la suie, et, lorsqu'il n'y a pas trop de mélange, ce qui reste sur la pelle après la combustion, doit se dissoudre presqu'en entier dans de l'acide hydrochlorique étendu d'eau.

QUATRIÈME LEÇON.

SUITE DE L'AMÉLIORATION DES TERRES.

1. — Les engrais nutritifs sont de deux sortes : végétaux et animaux. Les engrais végétaux sont les feuilles et débris de plantes et les récoltes enfouies en vert. Leur action est moins prompte et moins énergique que celle des engrais animaux, qui contiennent une bien plus grande quantité de matières nutritives.

2. — Lorsque les fumiers ne sont pas abondants dans une exploitation, ou que le transport en devient trop dispendieux, on sème des plantes dont la culture exige peu de frais, et lorsqu'elles sont en pleine floraison, on les enterre à la charrue, sur le sol même qui les a produites.

Par ce moyen, les feuilles et les tiges des plantes, en se décomposant, ameublissent le sol et forment un engrais durable. Le sarrazin, le colza, le seigle, le trèfle, etc., conviennent beaucoup pour cet usage.

Je vous recommande particulièrement l'enfouissage de la dernière coupe de trèfle pour votre froment d'hiver; c'est pour nos terres la meilleur préparation et aussi la plus économique.

Mais pour obtenir un résultat satisfaisant, il faut enfouir le trèfle dans la première année de produit, et non le laisser s'user complètement pendant trois ou quatre ans, comme on le fait habituellement, car alors ce n'est plus un trèfle, c'est un véritable friche rempli de mauvaises herbes.

Le trèfle incarnat enfoui serait une bonne préparation pour le sarrazin, qui, dans la culture du pays, sert lui-même de préparation pour le froment.

Nous avons fait des pommes de terre sur un trèfle incarnat rompu par un labour, et vous avez vu que les résultats ont été très-satisfaisants.

Ces enfouissements offriraient de grandes ressources dans les fermes où l'on ne peut se procurer d'engrais, si l'on pouvait vaincre l'incroyable aversion de nos cultivateurs pour ces opérations.

Les végétaux enfouis en vert ne pourraient pas suffire seuls à l'engraissement continuel du sol ; il faut y ajouter des fumiers animalisés, tels que ceux d'étable, et ne considérer ces récoltes vertes que comme des auxiliaires utiles.

C'est surtout dans les terres sèches et sablonneuses que ces engrais produisent de bons effets, car ils les rafraîchissent en quelque sorte.

Dans les terres où l'on a employé pendant long-temps une grande quantité d'engrais d'étable, on obtient de très-bons résultats, en faisant alterner les fumiers proprement dits avec les enfouissements végétaux.

Le genêt enterré à l'époque de la floraison produit de très-bons effets ; on l'emploie aussi après l'avoir fait pourrir en foulage dans les cours, ou en le mélangeant aux fumiers d'étable.

3. — Les feuilles des arbres ne forment pas un très-bon engrais, quelques-unes contenant des principes nuisibles à la végétation. Il est plus avantageux de les employer comme litière ; car, après avoir été mouillées par les excréments et les urines, et lorsque la fermentation s'est établie, ces principes nuisibles n'existent plus.

Le varech, comme toutes les plantes marines, est un engrais plus actif que les plantes terrestres; sa décomposition est très-prompte, et on peut l'employer aussitôt qu'il a été récolté. Malheureusement, nos côtes seules peuvent profiter de cet excellent engrais.

La chaux, comme nous l'avons déjà dit, offre un puissant moyen de réduire à l'état de terreau les végétaux d'une décomposition lente, tels que ceux qui se trouvent dans les gazons, et même les feuilles des arbres.

4. — Les fumiers proprement dits, dont l'emploi est le plus général, sont composés d'excréments des animaux et de matières végétales, ou de litières dont on se sert le plus ordinairement pour les recueillir.

Les fumiers d'étable sont plus ou moins actifs; ceux des chevaux et des bêtes à laine sont bien plus chauds que ceux des bêtes à cornes : aussi les premiers conviennent-ils mieux dans les terres compactes et froides, et les derniers dans les terres sablonneuses, calcaires ou chaudes.

Lorsqu'on a des terres d'une consistance moyenne, il est avantageux de mélanger les fumiers des différents animaux; par ce moyen, la fermentation trop rapide des uns accélère celle des fumiers froids, et se trouve elle-même convenablement modifiée.

5. — De tous les engrais, les fumiers d'étable sont les plus avantageux; les autres ne peuvent être regardés que comme accessoires, et c'est toujours sur eux que le cultivateur intelligent doit porter toute son attention.

Si les animaux de différentes espèces produisent des engrais de qualités différentes, les fumiers provenant des animaux bien ou mal nourris offrent aussi de grandes variations dans leur valeur nutritive.

6. — La quantité et la qualité des fumiers dépendent, 1º de la quantité de fourrage consommé ; 2º de la nature de la litière et de la manière de l'employer ; 3º de leur bonne manipulation.

Le bétail bien nourri donne une plus grande quantité de fumier et de meilleure qualité que le bétail mal nourri. La litière faite de paille des céréales , employée en assez grande quantité , sans profusion, se convertit en très-bon engrais, lorsqu'elle a été mouillée par les excréments ou les urines.

La manière dont les fumiers sont traités peut augmenter considérablement leur quantité et leur qualité.

Ce n'est donc pas de la quantité de bétail entretenu sur une ferme que dépend le volume ou la qualité du fumier, mais bien de la masse et de la qualité de la nourriture consommée par les animaux.

Les animaux nourris à l'étable produisent aussi une plus grande masse d'engrais que ceux qui sont, la plupart du temps, au pâturage, et qui, par conséquent, perdent une bonne partie de leurs excréments.

7. — Le fumier des bêtes à cornes est, comme nous l'avons dit, un fumier plus froid que celui de cheval et de mouton ; il a aussi des qualités qu'on ne rencontre pas dans les autres fumiers : 1º il se maintient long-temps dans le sol ; 2º il exerce une action toujours uniforme ; 3º il peut mouiller une grande quantité de litière ; 4º il est convenable à presque toutes les cultures.

8. — Le fumier de cheval est très-nourrissant , très-chaud, très-énergique, se décompose promptement, exige proportionnellement une moins grande quantité de litière que le fumier des bêtes à cornes ; mais aussi son action est moins durable.

9. — Le fumier de mouton est un des plus substantiels ; son action est moins durable que celle du fumier des bêtes à cornes, mais plus durable que celle du fumier de cheval ; il se mêle difficilement à la litière, et il faut une moindre quantité de celle-ci pour le recueillir que pour les autres fumiers.

10. — Le fumier de porc, moins énergique que celui de cheval et de mouton, est généralement regardé comme un mauvais fumier ; cependant, lorsqu'il est mélangé avec les autres engrais, la fermentation lui enlève l'âcreté contenue dans l'urine des cochons. On peut l'employer avec avantage sur les prairies.

11. — Voici la manière la plus simple de travailler les fumiers : On les dispose sur un terrain entouré de petites rigoles (fig. 2) ; ces rigoles aboutissent à une fosse destinée à recevoir les égouts du fumier ; lorsqu'elle est remplie, on arrose le tas de fumier avec l'eau noire qui se trouve dans la fosse : c'est la partie la plus active, et cependant la plupart des cultivateurs ignorants la laissent perdre et même facilitent son écoulement.

Lorsque le fumier est trop humide, on peut arroser les prairies avec le jus qui s'y trouve en trop grande quantité, ou bien encore on peut le faire absorber par les balles des céréales ou par des feuilles, des balayures de greniers, ou bien par de la tourbe sèche. Par ce moyen, la fermentation se trouve accélérée dans ces matières, qui en outre reçoivent, par cette addition, une grande quantité de sucs fertilisants.

12. — Lorsqu'on arrose les prairies avec le jus du fumier, on se sert tout simplement d'une vieille barrique montée sur un petit tombereau (fig. 3.), comme ceux

dont nous nous servons pour transporter des terreaux. Nous vous donnons ici un dessin de ce petit appareil peu dispendieux ; on peut se le procurer à bon marché; et encore ce petit tombereau sert à d'autres usages. (1)

Il faut avoir bien soin d'étendre très-exactement le fumier sur tas, et de ne pas le jeter çà et là comme on le fait dans presque toutes nos exploitations rurales, où il est déposé au hasard à la porte de l'étable, et même à celle de l'habitation. Cette mauvaise pratique est tout-à-fait préjudiciable à la santé des hommes et des animaux, et nuisible à la qualité du fumier, dont la fermentation ne s'opère qu'imparfaitement et inégalement.

Lorsque le fumier d'étable est placé dans une fosse où l'humidité est très-grande, la partie inférieure qui est dans l'eau se décompose mal, c'est-à-dire ne pourrit pas.

Lorsqu'il est trop sec, et qu'on n'a pas la précaution de l'arroser, il brûle et blanchit : ces deux effets sont à éviter.

13. — Lorsqu'on emploie le fumier bien consommé, il agit très-promptement; mais ses effets sont moins durables; et, outre cela, le fumier, pour arriver à l'état de décomposition un peu avancée, perd beaucoup de son volume et des parties fertilisantes qu'il contient. En disposant le fumier en tas, comme nous l'avons dit, la fermentation s'établit très-également, et l'on peut transporter les fumiers sur les champs à un degré de décomposition convenable pour la culture de chaque plante.

---

(1) Voici le prix approximatif :
Roues, 5 fr. ; corps du tombereau, 15 fr.; barrique, 3 fr. Total, 23 fr.

Car quelques récoltes s'accommodent mieux de fumiers frais, par exemple, les pommes de terre; et d'autres, de fumiers bien consommés, par exemple, la betterave.

14. — Les excréments humains desséchés, et réduits à l'état de poudrette, ont une grande énergie; mais on perd beaucoup de principes fertilisants dans cette opération : il est donc plus avantageux de faire absorber toute l'humidité qu'ils contiennent au moyen de chaux, de tan desséché, lorsqu'il n'est plus propre au tannage des cuirs, de charbon réduit en poudre fine ou de résidus de fourneaux à charbon.

15. — Le charbon broyé sert aussi à faire du noir animalisé, en y ajoutant le sang des boucheries, les boyaux hachés et même la chair des animaux crevés.

En les coupant en pièces et en les enfouissant aux pieds des pommiers, partie importante de nos exploitations, on tirerait un parti avantageux des bestiaux que l'on aurait le malheur de perdre. Aucun engrais n'égale l'activité de ces débris animaux.

La fiente des volailles est aussi très-fertilisante, quoiqu'on ne puisse se la procurer qu'en petite quantité; il faut la recueillir avec soin.

En général l'action des engrais tirés des animaux est toujours prompte.

La culture des prairies artificielles et des récoltes-racines, est le moyen le plus assuré de faire une grande quantité de fumier.

C'est à augmenter la production des engrais que doivent s'exercer tout le talent et toute l'activité du cultivateur; c'est de là que dépend le succès de l'entreprise.

Vous n'aurez jamais, je ne dis pas trop, mais assez de

fumier ; fumez fortement, labourez en proportion, c'est le grand secret de l'agriculture.

Défiez-vous surtout de ces raisonneurs qui prétendent cultiver sans engrais, car tôt ou tard vous en serez la dupe.

CINQUIÈME LEÇON.

INSTRUMENTS.

1. — On emploie pour cultiver la terre différents instruments.

Nous les diviserons en deux classes : 1° Ceux qui remuent le sol à une grande profondeur et agissent à la manière des charrues ; 2° ceux qui ameublissent le sol à la surface, le débarrassent des mauvaises herbes et fonctionnent à la manière des herses.

2. — La charrue est l'instrument le plus utile et le plus employé en agriculture ; aussi nous dirons d'abord un mot du travail qu'elle doit faire, afin de juger facilement de la forme la plus propre à exécuter convenablement ce travail.

3. — Dans un bon labour, la bande de terre doit être détachée parallèlement à la superficie du sol, et verticalement de manière à former un angle droit avec le côté non labouré.

Cette bande de terre doit être déposée sur le côté, de manière à présenter à la herse des arêtes faciles à déchirer, et aussi afin que reposant sur les arêtes opposées, la bande de terre puisse se briser en s'affaisant pour remplir les espaces restés vides; la figure 4 donnera une idée juste de cette disposition.

Si, au contraire, la bande enlevée était complètement retournée, comme elle reposerait sur toutes ses parties, elle ne pourrait que fort difficilement être déchirée par la herse, et n'éprouverait point l'ameublissement qui doit résulter de son affaissement quand elle a été seulement relevée sur le côté.

La charrue doit donner ce résultat avec le moins de tirage possible.

4. — Les labours s'exécutent à plat, en planches ou grands billons et en petits billons.

Les labours à plat ne sont praticables que dans les terrains secs, et aussi ne conviennent-ils que dans très-peu de localités de notre pays.

Les planches en larges billons, au contraire, peuvent être exécutées avec succès presque partout, et elles sont préférables aux petits billons sous beaucoup de rapports.

Les petits billons, qui sont composés de quatre à six bandes de terre, laissent dans leur milieu un intervalle non labouré. On pourrait en juger en enlevant toute la terre remuée; on trouverait alors au-dessous une suite d'autres petits billons non labourés (*Fig.* 5); outre cela la majeure partie de la terre végétale se trouvant rassemblée sur le haut du billon par l'effet de *l'enrayure* (1),

____

(1) On nomme *enrayure* ou ados les deux premières bandes de terre appuyées l'une contre l'autre; et *derayure* le sillon creusé par la charrue, lorsqu'on termine une planche ou un billon.

les plantes qui s'y trouvent poussent vigoureusement, et celles qui sont placées dans le fond de la raie ou *derayure* sont chétives et misérables, parce qu'elles ne trouvent plus assez de terre végétale où puiser les sucs nutritifs dont elles ont besoin. Ce genre de labours en petit billons ne convient que dans un très-petit nombre de circonstances ; c'est surtout lorsque le sol a très-peu de profondeur, et que l'on est obligé de rassembler deux bandes de terre sur le même point, pour fournir assez de terre aux plantes que l'on veut cultiver.

Un autre inconvénient des billons vient de la grande quantité d'eau qui s'accumule au fond de chaque raie, et remonte jusqu'aux racines des plantes qui sont continuellement dans une trop grande humidité. La gelée a aussi plus de prise sur les billons, où la neige ne tient que difficilement.

Vous voyez, d'après ce peu de principes, que les planches de trois à quatre mètres sont beaucoup plus avantageuses ; et, d'ailleurs, la pratique a toujours été d'accord avec cette théorie dans tous les essais faits sur notre sol, ou tentés par nos voisins.

5. — Le *coutre* tranche perpendiculairement la bande de terre ; sa pointe doit marcher en avant du soc et frayer le chemin à la charrue ; lorsqu'il est incliné en avant, il entre mieux dans la terre. Il doit être placé dans le même plan vertical que le côté gauche de la charrue.

Le *soc* tranche la bande de terre horizontalement ; sa

lame ou aile doit être proportionnée à l'écartement du versoir, il est en fonte ou en fer, avec une pointe en acier.

Le *versoir* ou *oreille*, ou encore *épaule*, sert à retourner la bande de terre coupée verticalement par le coutre, et horizontalement par le soc; il y en a de deux formes principales : les uns sont planes ou droits, et les autres contournés; ces derniers retournent mieux la terre, et exigent moins de tirage; plus ils sont longs, et moins ils brisent la terre. Les versoirs en fonte ou en fer sont les plus commodes, surtout les premiers, parce qu'ils conservent toujours leur même forme.

Le *sep* ou *semelle* glisse sur la terre; lorsque cette pièce est trop longue, le frottement est plus considérable, mais l'instrument a plus d'aplomb; elle doit être au moins aussi longue que le versoir.

Le *régulateur* sert à régler l'entrure de la charrue et à modifier la largeur de la raie. Sa forme est très-variable; dans les charrues à avant-train (*à roues*), on prend plus ou moins de profondeur, en abaissant ou en relevant l'âge sur l'essieu; les araires prennent plus ou moins de terre, quand on relève ou qu'on abaisse le point de tirage.

L'*âge* est une pièce de bois qui supporte toutes les autres, qui sert à communiquer le mouvement aux pièces dont nous venons de parler, et dont l'ensemble forme le corps de la charrue.

Les *manches* servent à diriger l'instrument. Quelques charrues n'ont qu'un seul manche.

On remarque, en général, que les araires ou charrues sans avant-train ont une véritable supériorité sur celles qui ont des roues ; elles exigent moins de force, parce que la ligne de tirage est plus directe que dans les charrues à avant-train où elle *devie* plus ou moins ; elles sont plus simples, se prêtent mieux à la volonté du conducteur, et peuvent labourer plus facilement un terrain inégal, sans changer le régulateur à chaque inégalité du sol ; cependant elles exigent un peu plus d'attention de la part du laboureur.

6. — L'araire perfectionné par M. de Dombasle (*Fig.* 6), est un des plus parfaits dans ce genre, et l'addition du petit soc américain est encore un perfectionnement qui donne à cet instrument une grande supériorité sur beaucoup d'autres. Toutes les pièces en fonte peuvent se remplacer facilement, au moyen de boulons, et l'on a en outre l'immense avantage d'obtenir des charrues toutes semblables, lorsqu'elles sont coulées sur le même modèle.

7. — Nos charrues de Bretagne *(Fig.* 7*)* ont un énorme avant-train ; leur soc n'est point tranchant ; c'est une pointe qui déchire la terre au lieu de la couper, et qui épargne toutes les racines des mauvaises herbes. Son versoir n'est point contourné, mais il est très-long : aussi la terre n'étant point ouverte par l'aile du soc pour frayer le passage à cet énorme versoir, on est forcé de pencher la charrue sur le côté gauche. Il résulte de cette disposition que la bande de terre n'est point coupée verticalement, et qu'il reste de la terre non labourée entre chaque bande *(Fig.* 8*.)*

Dans son ensemble c'est un instrument mauvais et qui exige beaucoup de tirage.

8. — On fait des charrues qui ont deux versoirs ou ailes mobiles, dont on peut augmenter au diminuer l'écartement de manière à prendre plus ou moins de terre.

Elles servent à tirer les raies d'écoulement, à butter les plantes sarclées, et même à les arracher.

9. — Les *herses* sont des instruments qui font dans la grande culture le même travail qu'on exécute au rateau dans la petite; leurs dents sont en fer ou en bois ; elles ameublissent la surface du sol et servent à enterrer les semences.

La herse quadrangulaire oblique de **M. de Valcourt** *(Fig. 9)* est très-bonne, et vous avez pu vous-mêmes apprécier son utilité. En changeant la ligne de tirage, au moyen des anneaux de la chaîne d'attelage, on approche ou l'on écarte les dents qui fonctionnent toutes isolément, sans repasser dans les raies tracées par celles qui précèdent ; inconvénient que l'on rencontre dans la plupart des herses de notre pays.

10. — Les *houes à cheval* ou sarcloirs sont des espèces de herses dont les dents ou couteaux sont recourbés à angle droit sur le plat, de manière à couper horizontalement les mauvaises herbes. Elles sont très-avantageuses pour nettoyer les plantes cultivées en lignes et peuvent s'ouvrir ou se diminuer suivant l'écartement des plantes que l'on veut biner.

11. — Nous nous sommes encore servi avec succès dans notre pratique, pour nettoyer les plantes sarclées et pour ameublir la terre entre les lignes, d'une charrue-araire dont nous enlevions le versoir. Lorsque la terre est un peu dure, ou qu'il y a des herbes en grande quantité, le travail est beaucoup plus énergique avec cet instrument qu'avec la houe à cheval.

12. — Les *rouleaux (Fig. 10)*, sont de gros cylindres ou pièces rondes, en bois, en pierre ou en fonte; on s'en sert pour briser les mottes et pour égaliser la surface du sol. Les rouleaux d'un grand diamètre demandent, à poids égal, moins de tirage que les petits.

Cet instrument serait d'une grande utilité pour briser les mottes des terres que l'on destine à la culture du sarrazin ou blé-noir; il épargnerait aux laboureurs ce travail si pénible pendant l'été, quand la terre est durcie par le soleil, sur nos sols argileux; il faut bien se garder d'employer le rouleau par l'humidité.

13. — Les *semoirs* servent à répandre les graines en lignes ou à la volée.

Jusqu'à présent ces instruments laissent beaucoup à désirer; ils seraient d'une application difficile sur nos terres remplies d'herbes, et leur marche serait entravée par les ajoncs et les bruyères qu'on met à faire les engrais.

Beaucoup de petits instruments accessoires peuvent être faits dans la ferme même par les domestiques, ou par le fermier, qui doit avoir une idée de cette sorte de travail, afin de pouvoir bien juger de la qualité des instruments qu'il fait exécuter.

14. — Je ne vous conseillerai point de faire de l'agriculture à grand renfort d'instruments nouveaux, comme le conseillent les ennemis de nos bonnes méthodes. Une bonne charrue simple, une charrue à deux versoirs, une herse, un rouleau et une houe à cheval, dont on pourrait encore se passer en employant, comme nous l'avons dit, l'araire sans versoir, vous suffiront pour exécuter tous les labours d'une ferme ordinaire.

15. — Nous ne pourrons traiter ici de tous les instruments, que d'ailleurs une description ferait difficilement connaître; nous nous bornerons à citer les plus commodes, tels que les tarares, les coupe-racines, les râpes, les hache-pailles, etc. Tous ces instruments sont fort bons, mais ils nécessitent un capital souvent au-dessus des forces du simple cultivateur.

D'un autre côté, de riches propriétaires poussés par un désir bien louable, il est vrai, n'ont cru pouvoir entreprendre la culture de leurs terres que munis d'un véritable arsenal d'instruments; malheureusement ils en ignoraient l'usage et les meilleurs sont restés inutiles; même on les a regardés comme défectueux.

Nous ne devons, dans de telles circonstances, voir que le peu d'habileté des ouvriers et non la mauvaise forme ou la construction vicieuse de ces instruments.

SECONDE PARTIE.

CULTURE DES PLANTES.

SIXIÈME LEÇON.

CULTURE DES CÉRÉALES.

1. — On désigne sous le nom de céréales, le froment, l'orge, le seigle, l'avoine, etc.

Les plantes qui croissent et se développent de la même manière que celles-ci, c'est-à-dire la plupart des herbes à feuilles engaînantes et à chaume entrecoupé de nœuds et qui croissent dans les prairies naturelles, sont de la famille dite des graminées. Cependant on ne comprend sous la dénomination de céréales que celles d'entre elles qui produisent des graines propres à la nourriture de l'homme ou des animaux.

2. — Le froment aime une terre un peu argileuse, bien préparée et riche en humus. Il réussit généralement après une récolte de sarrazin ou de vesces, ainsi qu'après la plupart des plantes fouragères qui laissent le sol propre. On le sème avec avantage sur un trèfle rompu par un seul labour. En employant ce moyen on a moins à redouter un excès de végétation, ou une grande quantité d'herbes nuisibles, puisque les engrais ont favorisé le développement des mauvaises herbes lors des cultures sarclées ou étouffantes qui ont précédé le froment. Pour obtenir un beau froment sur un trèfle, et profiter de tous les avantages de ce système de culture, on ne doit laisser le trèfle subsister qu'une année; c'est-à-dire que l'on doit le rompre après la première année de récolte: par ce moyen, les mauvaises herbes n'ont pas le temps de s'emparer du terrain et le froment est beaucoup plus propre.

On cultive un très-grand nombre de variétés de froment, que nous comprendrons dans deux grandes classes, savoir : Les blés fins ou sans barbes, et les gros blés ou blés barbus. Les gros blés réussissent généralement mieux que les blés fins dans les terres humides, sur de vieilles prairies défrichées, ou enfin lorsque le sol est trop riche et que les blés fins verseraient infailliblement.

Les blés fins sont en général plus recherchés et se vendent mieux. Les blés non barbus ont les grains plus courts et plus arrondis que ceux qui ont des barbes. On sème environ deux à trois hectolitres de graine par hectare.

La quantité de semence à employer dépend de l'état du sol et de l'époque de la semaille.

Lorsque la terre est bien meuble à sa surface et que l'on sème par le beau temps, tous les grains lèvent et il en faut semer moins.

Lorsqu'au contraire on sème tard et par la pluie, on doit mettre une plus grande quantité de semence, parce qu'un très-grand nombre de grains ne lèvent pas.

On recouvre à la herse ou à la charrue; le premier procédé est généralement préférable au second, cependant on peut semer sous raies dans les terres très-légères. En semant sur le labour le grain se trouve enterré à une profondeur plus égale et la surface du sol est encore ameublie par l'action de la herse. Un autre grand avantage, c'est que, dans une ferme un peu étendue l'on peut labourer quelque temps avant l'époque des semailles la terre destinée à recevoir le froment, et, lorsque la saison de semer est arrivée, quelques jours de beau temps suffisent pour enterrer une grande quantité de grain à la herse.

On doit employer la herse à dents de fer et la faire passer deux fois sur toutes les parties ensemencées; par ce moyen, le grain se trouve suffisamment recouvert et la terre beaucoup mieux dressée et ameublie à la surface. On relève ensuite au moyen du butteur la terre abattue dans les dérayures et l'on ramène sur la planche, par un léger coup de rateau, l'arète formée des deux côtés par l'action du butteur, de manière qu'elle soit bien nivelée et ne présente pas d'inégalités susceptibles de retenir l'eau.

Les planches ne doivent pas être creuses du milieu; il ne faut pas non plus qu'elle soient trop bombées.

Nos fermiers se servent peu de la herse, quoique son emploi soit très-avantageux; presque toutes les céréales sont en partie semées sous la raie de la charrue, en partie sur le labour, et la terre est ensuite dressée et brisée à la houe ou au râteau. Ce moyen réussit bien, mais il est très-dispendieux, et comme il exige beaucoup de main-d'œuvre, il arrive souvent que les semailles ne se font pas en temps utile. En hersant vous-mêmes sur les terres de la ferme des Trois-Croix, vous avez vu combien cette méthode présente de supériorité.

Le froment est exposé à une maladie qu'on nomme *carie* (*dans le pays, bouton*); on l'évite en faisant subir au grain différentes préparations avant de le semer. Quelquefois on se contente de le faire tremper pendant vingt-quatre heures dans un lait de chaux, préparé avec une quantité de chaux égale en poids au 20me du blé qu'on veut chauler.

M. de Dombasle a publié un nouveau procédé qui nous a très-bien réussi.

Pour un hectolitre de grain on fait fondre dans 8 litres d'eau pure, 640 grammes de sulfate de soude (1). Lorsqu'il est bien fondu, on arrose l'hectolitre de froment déposé sur un plancher bien uni, et l'on remue de manière que tous les grains soient mouillés; ensuite on répand sur le tas, en continuant de remuer fortement, environ deux kilogrammes de chaux vive, qu'on réduit en poudre en la mouillant légèrement. On doit avoir soin de n'opérer cette réduction en poudre qu'à l'instant même d'employer la chaux, qui a perdu toute sa

---

(1) On trouve cette substance chez tous les marchands droguistes et pharmaciens.

vertu quand elle est anciennement pulvérisée. On peut semer le froment aussitôt après; ainsi préparé, il peut se conserver quelque temps sans s'altérer, en ayant soin de le remuer quelquefois.

Les semailles de froment se font du 1er octobre au 15 novembre; la saison la plus convenable est la dernière quinzaine d'octobre; cependant beaucoup de fermiers sèment encore en décembre, surtout lorsque la récolte des pommes les a retardés. Quelquefois ces semailles tardives réussissent bien dans les terrains riches, mais le plus ordinairement elles ont peu de succès, surtout dans les sols peu fertiles. Il est important de tirer des raies d'écoulement, aussitôt que le froment est semé; si l'on tarde, l'on s'expose à ce que des pluies abondantes empêchent de faire ce travail et la semence se trouve noyée.

Vous avez tiré des raies d'écoulement avec notre charrue à deux versoirs ou butteurs, et vous savez combien ce travail est facile et bon à exécuter.

Au printemps, lorsque la terre a été tassée par les pluies d'hiver, et que la gelée ne l'a pas soulevée à la surface, on donne un hersage vigoureux qui détruit les mauvaises herbes naissantes, et produit l'effet d'un léger labour très-avantageux au froment. On fait passer la herse lorsque la terre est bien ressuyée.

En brisant les petites mottes qui sont à la surface du sol, ce hersage rechausse le froment, qui n'en végète que mieux. On ne doit pas craindre que la herse arrache quelques pieds de blé; et, pour que l'opération soit fructueuse, la surface du champ doit avoir été ameublie par l'action de la herse.

3. — Lorsque le grain du froment est dur comme de la cire, et que la paille est jaune, on le coupe. Il vaut mieux le couper deux ou trois jours avant la maturité complète, que d'attendre trop tard ; car alors il y a une grande perte de grain, et il est d'une moindre qualité.

On coupe le froment à la faux ou à la faucille ; le premier moyen est plus expéditif, lorsqu'on a des gens exercés et que la céréale que l'on veut faucher n'est ni mêlée ni versée.

On lie le froment (1) et les autres céréales en gerbes que l'on rentre dans les greniers, ou que l'on dispose en meules, en ayant soin de mettre les épis en dedans du tas.

Le battage s'exécute de deux manières, avec des fléaux ou avec des machines : le dernier moyen est préférable ; mais il est rarement à la portée de nos cultivateurs.

Dans notre département, les céréales sont battues aussitôt après la récolte ; dans d'autres on attend l'hiver. Cette dernière pratique est assez avantageuse, parce qu'on exécute un travail qui exige beaucoup de main-d'œuvre, pendant une saison où les ouvriers sont peu occupés. Le grain battu et nétoyé au moyen d'un tarare,

---

(1) On emploie pour faire des liens la paille de seigle, les harts de bois ou la paille du grain même ; la paille de seigle est de beaucoup préférable.

doit être transporté dans les greniers et ensuite étendu, afin qu'il achève de sécher.

La récolte des autres céréales doit être faite à peu près de la même manière.

4. — On fait au printemps une variété de froment, trop peu appréciée et même inconnue de la plupart de nos cultivateurs. Comme elle n'a pas autant de temps pour s'enraciner et taller, on doit semer plus épais.

Ce froment réussit très-bien après une récolte de pommes de terre ou de betteraves, qui, en général, dans nos terres, ne forment pas une aussi bonne préparation pour celui d'hiver. On le sème en février et mars.

La méthode que nous employons pour notre semaille de printemps est simple, économique, et nous a parfaitement réussi jusqu'à présent.

Après les pommes de terre ou les betteraves, on donne un labour d'automne ou d'hiver, et on sème au printemps, au moyen d'un fort hersage. La semaille se fait ainsi très-rapidement et de bonne heure.

Peu de cultivateurs sèment du froment au printemps, dans notre pays, et le petit nombre qui a tenté cette culture la regarde comme mauvaise. Cela vient de ce que toute espèce de froment ne peut pas être indifféremment semée à l'automne ou au printemps, et que l'on ne sème pas l'espèce qui convient à cette époque ; peut-être plus encore de ce que l'on fait presque toujours ces blés de printemps après un froment d'hiver.

5. — Le seigle aime un sol plutôt léger que compacte; et comme son grain a moins de valeur que celui du froment, on ne le cultive que dans les terres trop légères ou trop peu substantielles pour produire cette dernière récolte.

Il réussit très-bien après le sarrazin, après les vesces et après toutes les plantes qui laissent la terre très-meuble, ou qui permettent de l'ameublir par des hersages et des labours avant la semaille.

Le seigle n'aime pas, comme le froment, à trouver un fond solide; aussi ne vient-il pas aussi bien sur les trèfles rompus. Les semailles tardives, sur un sol humide, lui sont tout-à-fait défavorables.

On peut labourer la terre quelque temps d'avance, et ensuite à l'époque des semailles recouvrir à la herse.

On sème de septembre en novembre, à raison de deux à deux hectolitres et demi par hectare. Il vaut mieux semer un peu de bonne heure que trop tard.

La paille de seigle a une valeur assez élevée; on en fait des liens pour lier les gerbes des autres céréales, des paillassons et des toits qui sont très durables lorsqu'ils sont bien établis.

La récolte du seigle se fait à peu près comme celle du froment et des autres céréales.

Le seigle est encore très-utile comme fourrage printannier; lorsqu'on le destine à cet usage, on doit le semer plus dru. Il procure un fourrage abondant et qui ne coûte que peu de chose, car on peut le semer sur les terrains destinés à porter des pommes de terre l'année d'après. Aussitôt après la récolte du seigle-fourrage, on plante les pommes de terre sur un seul labour, et l'on obtient de beaux produits.

Lorsqu'on en a une trop grande quantité, et que les bêtes ont de la peine à consommer toute la récolte, on peut l'enfouir et le remplacer par des betteraves ou des pommes de terre, qui s'accommodent très-bien de cette préparation.

Nos seigles fauchés en vert, qui nous produisent un fourrage tout-à-fait abondant, ont encore l'avantage de préparer nos animaux à la nourriture plus substantielle des trèfles, qui, comme vous le savez, les exposent quelquefois à des accidents graves.

6. — L'orge aime une terre légère, bien ameublie et fertile ; la semaille doit se faire par un temps sec ; deux ou trois labours et plusieurs hersages sont nécessaires pour la préparation du sol. Dans une terre argileuse, cette récolte donne un bon produit, lorsque la terre a été bien ameublie et bien fumée. L'espèce qui nous réussit le mieux est le petit orge à deux rangs.

Après les pommes de terre ou les betteraves, elle donne beaucoup.

Lorsqu'elle succède au froment il faut au moins trois labours, un d'automne et deux de printemps, et encore le produit en est moins assuré qu'après les plantes sarclées. Cependant tous nos cultivateurs sèment leurs orges après une autre récolte de céréale.

On emploie environ trois hectolitres de graine par hectare, que l'on recouvre d'un léger hersage. Le temps le plus ordinaire de la semaille est la dernière quinzaine d'avril.

On cultive dans quelques départements une espèce d'orge d'hiver qui forme un très-bon fourrage printannier. L'introduction de cette plante dans notre culture serait avantageuse. Ce fourrage est très-recherché des animaux.

7. — L'avoine est moins délicate que les autres céréales ; les terres un peu argileuses lui conviennent mieux que celles qui sont légères. Elle réussit bien sur une prairie naturelle ou artificielle rompue par un seul labour. Dans des terres humides et tourbeuses elle est plus productive que les autres grains.

Nous cultivons deux espèces d'avoine : la blanche d'hiver et la noire de printemps. On sème celle d'hiver de septembre en novembre ; celle de printemps, de février en avril : les semailles hâtives sont les meilleures pour les deux espèces.

L'avoine est d'un bon produit. Celle d'hiver donne un grain de meilleure qualité que celle de printemps, dont la récolte fournit souvent davantage. Lorsqu'on veut faire de l'avoine de printemps il est bon de donner un ou deux labours avant l'hiver, et ensuite de la semer en février sans labourer de nouveau. Cette méthode est très-bonne dans les terres argileuses que les gelées ameublissent mieux que les labours.

3**

On sème trois hectolitres de graine par hectare; la herse suffit pour la recouvrir.

On coupe l'avoine lorsqu'elle est encore un peu verte, parce que si l'on attendait son entière maturité, il s'en égrainerait une grande quantité. Lorsqu'elle est coupée elle doit passer quelques jours sur la terre en javelles, où elle achève de mûrir; il est même assez avantageux qu'elle reçoive un peu de pluie, parce qu'alors elle est plus facile à battre.

L'avoine a l'inconvénient de salir beaucoup le sol, parce qu'on la cultive toujours après un froment; lorsqu'au contraire elle est semée après une plante sarclée ou un fourrage, elle ne salit pas plus le sol que les autres céréales.

8. — Le sarrazin ou blé-noir, qu'on ne doit pas considérer comme une véritable céréale, réussit bien dans les terres légères ou parfaitement ameublies. Comme il redoute les petites gelées de printemps, la semaille ne doit avoir lieu qu'à la fin de mai ou au commencement de juin. Un hectolitre suffit pour semer un hectare; on recouvre à la herse. Il est très-propre à être enterré en vert; et sous ce rapport il est très-précieux en raison de sa croissance rapide. On le cultive aussi pour la nourriture des animaux, qui le mangent bien; mais c'est en général un assez mauvais fourrage, surtout pour les vaches laitières, car lorsqu'elles en mangent beaucoup elles donnent très-peu de lait, plusieurs agriculteurs le regardent aussi comme nuisible à la santé des moutons.

On cultive une espèce de sarrazin connue sous le nom

de sarrazin de Tartarie; son grain est d'une moindre qualité que celui du sarrazin que nous cultivons. Cependant, comme il est plus rustique et qu'il craint moins les gelées que l'autre, on peut le semer pour enfouissage, et lorsqu'on veut faire des semailles hâtives.

La culture du sarrazin serait moins dispendieuse si, comme nous l'avons déjà dit en parlant de l'ameublissement du sol, les vaches ne passaient pas une partie du temps sur les terres labourables qui sont destinées à le recevoir. Ces terres argileuses, détrempées par les pluies et piétinées par les animaux deviennent tout-à-fait intraitables lorsqu'on veut labourer, ce que l'on fait le plus tard possible, afin de conserver un maigre pâturage. Les terres alors se lèvent en grosses mottes que les laboureurs sont forcés de briser à la main, avec beaucoup de fatigue et de temps.

Pour vous, mes jeunes amis, si vous bannissez cette pratique vicieuse, vos voisins seront étonnés de voir vos guérets très-meubles; mais, au lieu de vous imiter, la plupart soutiendront que votre terre est d'une autre nature que celle qu'ils cultivent.

SEPTIÈME LEÇON.

PLANTES SARCLÉES.

1. —On donne le nom de plantes sarclées à celles dont la culture exige des sarclages et des binages.

Ces récoltes remplacent la jachère ; telles sont les pommes de terre, les betteraves, les navets, les choux, le colza, les carottes, etc.

Ces plantes et les fourrages artificiels doivent tenir une grande place dans notre culture, au moins moitié ; car leur consommation par les bêtes de la ferme augmente la quantité et la qualité du fumier, et les soins que réclame leur production contribuent puissamment à purger les terres des mauvaises herbes, qui, dans les cultures négligées, dévorent les récoltes.

POMMES DE TERRE.

2. — Toutes les terres conviennent à la pomme de terre, pour peu qu'elles soient ameublies par plusieurs labours et fortement fumées ; un enfouissement de plantes

vertes, telles que du trèfle incarnat ou du seigle, peut remplacer une partie du fumier. Dans nos cultures, vous avez vu que cette méthode a été couronnée d'un plein succès.

Les pommes de terre plantées sur une vieille prairie ou sur un vieux trèfle ameubli par deux ou trois labours, donnent des produits énormes.

On plante plusieurs sortes de pommes de terre; celles qui nous ont réussi le mieux jusqu'à présent sont les jaunes précoces ou *primes*, et les jaunes *demi-précoces*. Ces deux espèces donnent beaucoup, elles sont recherchées par leur bonne qualité; et ce qu'il y a de plus précieux, c'est qu'elles sont mûres pendant la belle saison; aussi, en les arrachant, on n'a point l'inconvénient de fouler et de tasser la terre, comme il arrive pour les tardives.

Lorsqu'on les cultive en grand, on plante derrière la charrue, en ayant soin de laisser deux raies vides, et de planter dans la troisième; de cette manière, les lignes sont espacées de sept à huit décimètres, ce qui permet d'enlever les mauvaises herbes, au moyen des sarcloirs et butteurs.

On doit avoir soin, en plantant, de mettre les pommes de terre au milieu de la bande de terre (fig. 11), retournée par la charrue, de manière qu'elles se trouvent dans la terre meuble. Par ce moyen l'humidité, qui séjourne au fond de la raie dans les années humides, ne peut les attaquer.

Lorsque les pommes de terre commencent à paraître, on donne un coup de herse pour faciliter leur sortie.

Quelque temps après, les lignes sont nettoyées à la houe à cheval, ou à la charrue dont on enlève le versoir; ce dernier instrument me paraît préférable; on donne un binage très-fort entre les rangs. Plus tard, lorsqu'elles ont atteint deux ou trois décimètres de hauteur, on les butte avec la charrue à deux versoirs.

Les moyennes pommes de terre et les grosses, coupées en morceaux, conviennent mieux pour la plantation que les petits tubercules. On plante de mars en mai; celles qui sont mises en terre de trop bonne heure produisent moins que celles que l'on plante en mai.

Lorsque les tiges et les feuilles des pommes de terre sont jaunes et flétries, on peut les arracher. La charrue à deux versoirs, dont on a enlevé le coutre, convient très-bien pour cette opération.

Si vous avez suivi avec exactitude toutes nos cultures, vous avez vu que des pommes de terre, plantées à la fin de mai sur un seul labour, après trèfle incarnat, ont parfaitement réussi et beaucoup produit. Cette méthode a le double avantage d'être économique, et de faire tirer du sol deux récoltes au lieu d'une seule dans le cours d'une année.

3. — Outre les ressources que les pommes de terre consommées en nature fournissent pour la nourriture de l'homme et des animaux, on retire un excellent produit qui est la fécule. Cette matière, qui a l'apparence de belle farine, ne pourrait pas seule servir à faire du pain; mais, en la mélangeant à la farine de blé-noir, on en obtient d'excellente galette, et un cinquième

ajouté à la farine de froment donne de très-bon pain. On en fait aussi une bouillie au lait, aussi agréable qu'économique.

Pour obtenir la fécule, il ne s'agit que de broyer les pommes de terre au moyen d'une rape ou de tout autre instrument, de manière à les réduire en pâte fine comme une bouillie. On dépose ensuite cette pâte sur un tamis en crin (*sas à blé-noir*) et l'on verse trois ou quatre fois de l'eau dessus, de manière à retirer toute la matière farineuse qui est entraînée et tombe au fond du baquet sur lequel est placé le tamis. On laisse le dépôt se former ; au bout de quelque temps, on renverse doucement le baquet afin d'écouler l'eau ; on délaie dans de nouvelle eau et l'on en ajoute encore après repos, jusqu'à ce que toute la fécule soit devenue très-blanche, ce qui a lieu après deux ou trois lavages. On place ensuite la fécule sur des planches ou des paniers (*calebassons*) garnis de toile, et à défaut d'étuves ou chambre chaude, on la fait sécher dans le four, lorsque le pain en est retiré. Quand elle est sèche, on l'écrase et on la tamise.

Pour conserver les pommes de terre, il est indispensable de les mettre à l'abri du jour, sans cela, elles verdissent et prennent un mauvais goût. On doit donc prendre grand soin de tenir exactement fermées les plus petites ouvertures des celliers.

4. — La betterave cultivée pour la nourriture des animaux est une plante d'une très-grande utilité. Les laboureurs de notre pays qui en ont fait l'essai s'en sont très-bien trouvés.

Les betteraves réussissent dans presque toutes les terres, pourvu qu'elles soient bien ameublies par plusieurs labours et fortement fumées. Cependant elles préfèrent les terres un peu argileuses et fraîches ; un labour d'automne et deux de printemps sont indispensables.

Nous avons remarqué dans notre pratique, que le fumier enterré, au 1er ou au 2e labour, et parfaitement mélangé au sol, par les labours qui suivent, produisait un meilleur effet sur les betteraves que lorsqu'on l'appliquait au dernier labour.

On sème de deux manières : en pépinière ou à demeure. Dans la 1re méthode le mois d'avril convient bien pour la semaille ; alors le plant est assez fort pour être repiqué à la fin de mai ou au commencement de juin.

5. — Ces pépinières doivent être faites dans une terre bien ameublie et bien engraissée, car il est très-important que le plan soit vigoureux. Lorsque la graine est semée soit en rayon soit à la volée, on la recouvre avec du terreau, ou du crotin de cheval ; une légère couche suffit et contribue à éviter le tassement de la terre par la pluie, ou à donner aux jeunes plants de betteraves des aliments faciles à absorber.

On transplante en lignes espacées de 7 décimètres environ, et on laisse entre les betteraves 4 décimètres dans les rangs.

Cette distance, qui paraît très-grande, est indispensable pour obtenir de belles racines, et permet l'emploi de la houe à cheval pour les sarclages.

6. — Lorsqu'on sème sur place, le commencement de mai est la saison convenable; on espace les lignes comme pour celles qui sont transplantées, et l'on sème au sémoir, ou, ce qui est plus simple et presque toujours préférable, à la main. Trois personnes suffisent pour cette opération : la première fait avec une petite houe ou un plantoir émoussé, des trous d'environ 3 centimètres de profondeur et espacés de 4 décimètres; la seconde met dans chaque trou deux ou trois graines de betteraves, que l'on a eu soin de mouiller un ou deux jours avant la semaille, afin d'en accélérer la germination, circonstance souvent favorable aux jeunes betteraves qui en se développant plus rapidement que les mauvaises herbes, ne craignent plus d'être envahies aussi facilement; la troisième recouvre la graine avec un peu de terre, et lorsque l'on veut avoir un plein succès, un quatrième ouvrier, muni d'un panier rempli de terreau, de vieux fumier, de noir animal ou de poudrettte, en dépose une petite quantité sur les graines recouvertes avant d'un peu de terre.

Lorsque les jeunes plantes ont trois ou quatre feuilles, on ne laisse qu'un seul pied dans chaque trou; on les sarcle ensuite autant de fois que le besoin l'exige.

Depuis que nous semons nos betteraves en place, elles acquièrent un volume extraordinaire; et vous avez pu remarquer aussi qu'elles avaient très-peu de petites racines, mais seulement un gros pivot.

Au lieu de semer à plat, après avoir donné deux labours, nous formons de petits billons de deux bandes de terre adossées ; ils ont à peu près huit à neuf décimètres de largeur. Lorsqu'ils sont faits nous dressons le sommet au moyen d'un rouleau léger ou d'un coup de rateau, et ensuite nous semons comme nous venons de l'indiquer. Ces petits billons ont plusieurs avantages, dont les principaux sont : 1º de donner à la plante une couche de terre meuble plus épaisse ; 2º de faciliter les sarclages et éclaircissages, parce que les ouvriers chargés de les exécuter trouvent facilement les lignes, et ne sont point exposés à mettre les pieds sur leurs plantes ; 3º enfin, de rendre le travail des sarcloirs et des bineurs à cheval bien plus facile à exécuter.

Les feuilles de betteraves ne sont pas très-nutritives, cependant elles sont une précieuse ressource pour la nourriture des bêtes ; mais on doit attendre pour les cueillir qu'elles s'abaissent vers la terre, et ne prendre successivement que celles qui commencent à jaunir.

On récolte les betteraves vers la fin de septembre ou au commencement d'octobre.

Outre leur grande utilité pour la nourriture des animaux, les betteraves servent encore à faire du sucre. Les bornes de ces leçons ne nous permettent pas de nous étendre sur cette fabrication, quoiqu'elle se lie étroitement à l'agriculture.

7. — Les carottes et les panais, que l'on sème toujours en place, sont généralement d'un bon rapport ; leur culture est à peu près la même que celle des betteraves ; cependant la carotte est plus difficile à faire lever dans nos terres fortes, et les sarclages peuvent devenir très-dispendieux.

Les terrains un peu sablonneux et profonds leur conviennent particulièrement, et lorsqu'on les sème dans des terres plus compactes, il faut que celles-ci soient parfaitement ameublies.

Les panais et les carottes conviennent très-bien à la nourriture de tous les animaux, mais particulièrement à celle des chevaux, qui peuvent se passer d'une partie de leur ration d'avoine lorsqu'ils reçoivent par jour une dizaine de kilogrammes de ces racines. On emploie quatre à cinq kilogrammes de graine par hectare lorsqu'on sème à la volée, et moitié moins lorsque l'on sème en lignes. Sur un sol très-riche on sème aussi les carottes au printemps dans le lin, dans le seigle ou dans le froment.

Les carottes donnent de plus belles racines semées sur une terre qui a reçu de fortes fumures pour les récoltes précédentes que lorsqu'on est forcé de fumer immédiatement avant la semaille. Dans ce dernier cas, on doit employer de préférence les fumiers bien consommés.

8. — Les navets, les choux navets et les rutabagas réussissent en général mieux que les betteraves dans les terres nouvellement défrichées.

Les navets se sèment en place. On en tire un bon parti en les semant en juin ou en juillet; les plus grosses racines sont consommées en automne et en hiver. Au printemps ce qui reste en terre donne encore un bon fourrage.

Lorsqu'on sème les navets, comme récolte dérobée, c'est-à-dire après une céréale, sur la terre destinée à porter l'année suivante des pommes de terre, des betteraves ou du sarrazin, il arrive souvent qu'ils fournissent peu de grosses racines, mais on obtient toujours un fourrage abondant pour le printemps. On sème environ cinq à six kilogrammes de graine par hectare, que l'on recouvre très-légèrement.

Les rutabagas et les choux navets exigent les mêmes soins et à peu près la même préparation que les betteraves semées en pépinières et transplantées ensuite.

Les pépinières se font dans la même saison. Cependant on peut les transplanter un peu plus tard; à l'époque de la transplantation ils rédoutent plus la sécheresse que les betteraves.

Toutes les racines des plantes sarclées se conservent généralement bien dans les celliers; mais quand on en cultive une grande quantité on manque souvent d'espace pour les serrer. A défaut de celliers assez vastes on emploie la méthode des silos.

9. — On pratique les silos (*fig.* 12) en creusant une fosse d'un mètre à un mètre sept décimètres de largeur, sur une longueur indéterminée et une profondeur de deux à trois décimètres. On remplit cette fosse de racines bien saines et qui n'ont point été meurtries. On les dispose en tas arrangé avec soin, et offrant deux plans inclinés réunis à leur sommet, comme le toit d'un bâtiment. Ensuite on les recouvre de cinq à sept décimètres de terre, après avoir mis une légère couche de paille, qui empêche la terre de se mêler aux racines. De petits fossés pratiqués autour du tas et que l'on a soin de faire plus profonds que la fosse où sont les racines, facilitent

l'écoulement de l'humidité et fournissent la terre qui sert à recouvrir le tas. Par ce procédé on conserve les pommes de terre et surtout les betteraves avec beaucoup de facilité et un plein succès.

10. — Le colza est une espèce de choux que l'on cultive pour la graine, dont on tire l'huile, et aussi pour les feuilles, qui donnent du fourrage vert. Il réussit dans nos terres argileuses ; mais il faut qu'elles soient bien égouttées.

On sème en place ou en pépinière ; la fin de juin convient pour les pépinières, et lorsqu'on sème sur place, on peut attendre jusqu'à la fin de juillet.

La terre qui est destinée à recevoir le colza doit être préparée par deux ou trois labours. Si c'est après une céréale, il faut une plus grande quantité de fumier que lorsqu'on met le colza après du sarrasin ou des vesces fauchées en vert ; après des pommes de terre hâtives, ou après des betteraves, on peut se dispenser de fumer.

Lorsqu'on sème en pépinière, la transplantation peut se faire au plantoir ou à la charrue. Lorsqu'on plante à la charrue, on met les plantes dans toutes les raies, en les espaçant de deux à trois décimètres sur la ligne ; par ce moyen, la terre se trouve bien garnie et les mauvaises herbes sont étouffées

On peut aussi laisser une ou deux raies vides, et mettre les plantes dans la deuxième ou dans la troisième, de manière à obtenir un intervalle de quatre à sept décimètres entre chaque ligne, et ensuite on bine à la houe à cheval, ou avec la charrue sans versoir.

Nous avons, comme vous le savez, essayé ces deux méthodes ; mais la première nous a toujours mieux réussi, parce que dans nos terres humides les binages sont difficiles au printemps, et même quelquefois nuisibles.

Le semis en place se fait en ligne, dans un terrain bien préparé à l'avance. Dans ce cas, le colza ne peut succéder à une céréale, parce qu'on n'aurait pas assez de temps pour labourer convenablement le sol.

Au printemps, lorsque le colza commence à monter, il est quelquefois avantageux de l'étêter. Cette opération fait développer un grand nombre de tiges latérales qui mûrissent plus également.

On coupe le colza lorsque la moitié environ des siliques contient de la graine noire. On le laisse sécher en petits tas, pour le battre ensuite sur des toiles dans le champ même, ou bien on le rentre dans les granges, au moyen de charrettes garnies de toiles. Dans ce cas, on le lie en petites gerbes aussitôt qu'il est coupé, avant que les siliques desséchées au soleil ne laissent trop facilement échapper la graine.

La graine, nétoyée de ses siliques, doit être étendue sur les planches d'un grenier, et remuée très-souvent, pour éviter qu'elle ne s'échauffe.

Lorsqu'on cultive le colza pour fourrage printannier, on le sème comme les navets destinés au même usage ; on emploie par hectare environ dix à douze litres de graine que l'on recouvre d'un léger trait de herse, ou, ce qui est préférable lorsque la terre est sèche, d'un coup de rouleau.

11. — La moutarde blanche, que l'on cultive pour ses graines, forme aussi un fourrage vert très-abondant en automne. Lorsqu'on la cultive pour ce dernier usage, on la sème en août, à raison de douze litres par hectare, sur un sol bien ameubli. On recouvre d'un léger trait de herse. Lorsqu'on veut récolter la graine, il faut semer en avril ou mai.

12. — Les choux communs ou branchus forment aussi une récolte sarclée très-précieuse pour la nourriture des animaux. On les sème au printemps ou en été. On les transplante à la charrue, comme le colza, mais en lignes espacées de sept à huit décimètres. On sarcle et on bine entre les rangs avec la charrue sans versoir, et l'on butte avec le butteur.

13. — Les fèves ou féveroles et les haricots, cultivés en lignes, forment une bonne préparation pour le froment.

Les fèves aiment les terres fortes et même les plus ténues. On sème en lignes ou à la volée ; la première méthode est préférable, parce que les binages que l'on peut donner entre les lignes détruisent les mauvaises herbes et ameublissent le sol.

On sème sous raie en février ou mars, à raison de deux à trois hectolitres par hectare, lorsqu'on sème à la volée, et en ayant soin de mettre trois ou quatre graines par décimètre, lorsqu'on sème en lignes. Aussitôt que les fèves sont levées, un hersage vigoureux leur fait beaucoup de bien, et ensuite les binages achèvent de détruire les mauvaises herbes.

Les haricots veulent une terre moins compacte que les fèves, il faut même qu'elle soit très-ameublie; on les sème en lignes espacées de 6 à 8 décimètres. On trace les lignes au moyen de la houe à main et l'on recouvre légèrement la graine placée dans les petites rigoles, à 5 centimètres environ de distance l'une de l'autre.

On sème ordinairement en mai.

14. — Nous joindrons à ces cultures celles du chanvre et du lin, que nous ne regardons pas cependant comme plantes sarclées.

Le chanvre exige une excellente terre, fortement engraissée et bien ameublie par plusieurs labours dont les derniers doivent être très-profonds. On sème en mai, à la volée, à raison de 3 hectolitres de graine par hectare, l'on recouvre d'un fort coup de herse. Il est très-avantageux après la semaille de mettre une légère couverture de fumier.

Lorsque le chanvre mâle (1) est défleuri on l'arrache brin à brin et on laisse le chanvre femelle sur pied jusqu'à ce que les graines soient mûres. Dans quelques pays on coupe à la fois mâle et femelle lorsque les fleurs du premier sont passées.

La graine récoltée sur des pieds semés à une grande distance les uns des autres, est de meilleure qualité et

---

(1) Le chanvre mâle est celui qui fleurit sans produire de graine, et que l'on récolte le premier. Les pieds femelles sont ceux qui portent la graine. Il ne faut pas perdre de vue que, dans nos campagnes, on donne les dénominations inverses; ainsi l'on nomme *chanvre mâle* le *chanvre femelle*.

donne des récoltes plus belles que celle que l'on obtient des chénevières cultivées pour la filasse, et sur lesquelles cette graine n'atteint pas son entière maturité.

Le chanvre revient bien plusieurs fois de suite sur le même sol.

15. — Le lin aime également une bonne terre, préparée par plusieurs labours et fortement fumée les années précédentes ; en appliquant directement les fumiers à la culture du lin, quelques brins poussent très-vigoureusement et les autres sont presque étouffés. Cette inégalité dans la végétation ôte beaucoup de valeur à la récolte.

Le lin réussit aussi très-bien sur un trèfle ou sur une prairie rompue par un seul labour ; lorsque ce labour est bien fait et que la terre est de bonne qualité, on obtient ordinairement par ce moyen une récolte bien égale.

On cultive deux espèces de lin dans notre département : l'un se sème en automne et l'autre au printemps (*mars ou avril*). La filasse du lin d'hiver est plus grossière que celle du lin de printemps, mais cette espèce est moins exigeante sur la nature du terrain.

On sème de deux à trois hectolitres de graine, que l'on recouvre légèrement.

Lorsqu'on veut avoir de belles récoltes de lin on ne doit le semer sur le même sol qu'après plusieurs années.

On croit généralement qu'en semant du lin très-clair et en le laissant mûrir complétement sur le sol

4*

la graine donne des récoltes beaucoup plus belles et plus vigoureuses.

On fait rouir le lin et le chanvre pour en obtenir la filasse. Cette opération s'exécute en plaçant les petites bottes de chanvre ou de lin dans l'eau et en les y maintenant plus ou moins longtemps. Les eaux un peu stagnantes conviennent mieux que celles qui sont trop vives.

Lorsque la matière gommeuse qui lie les fibres du chanvre est dissoute, on le retire de l'eau, et on fait sécher les bottes debout en les écartant par le pied.

Pour le lin, on se contente quelquefois de l'étendre sur les prairies. Cette méthode est bonne, mais elle a plus d'inconvénients que le rouissage à l'eau.

Le lin et le chanvre, après le rouissage, sont séchés à l'air et ensuite au four; on les broie avec des instruments destinés à cet usage, afin de séparer les tiges de la filasse, et ensuite la filasse est peignée et pilée de manière à bien diviser tous les brins et aussi pour en obtenir de différentes qualités.

HUITIÈME LEÇON.

PRAIRIES.

Les prairies sont naturelles ou artificielles.

1. — On nomme prairies naturelles celles qui se forment ou se soutiennent ordinairement sans le concours des travaux de l'homme, et qui sont composées de différentes espèces d'herbes, presque toutes de la famille dite des graminées. Elles n'exigent que des soins d'entretien ; cependant, lorsqu'on veut obtenir des récoltes abondantes, il est indipensable de les fumer.

Des terreaux ramassés dans les cours, les balles des céréales et tous les débris des récoltes qui pourraient introduire des graines de mauvaises herbes dans les fumiers ordinaires, conviennent bien pour les prairies, ainsi que les cendres lessivées et la suie. On peut encore augmenter la fertilité des prairies et en retirer des produits tout-à-fait extraordinaires, en les arrosant avec le jus des fumiers de la manière que nous avons indiquée en parlant des fumiers.

Nos prairie ainsi arrosées pendant tout l'hiver nous donent un produit de 6 mille kilogrammes de foin sec par hectare : et, comme vous le savez, les prairies élevées ne peuvent être comparées pour la fertilité naturelle à celles que l'on rencontre sur les bords des rivières, et qui sont en général formées de terres d'alluvion.

Quoique l'humidité soit très-nécessaire aux prairies, il est indispensable de les niveler et de former des raies d'écoulement, pour les débarrasser des eaux stagnantes qui favorisent la croissance des herbes de mauvaise nature.

Lorsqu'on peut disposer d'un cours d'eau, il est important d'en profiter pour les arroser. Pour y parvenir, on fait des rigoles dans lesquelles de petits barrages faits avec des mottes de terre et transportés successivement de distance en distance, dans toute l'étendue des rigoles, font monter l'eau sur toute la prairie.

Au printemps, il est très-utile d'étendre les taupinières et de herser les prairies avec une herse en épines. Cette opération a pour but de diviser le terreau qu'on a mis pendant l'hiver et d'abattre les petites inégalités qui se sont formées à la surface.

Le bon entretien des prairies naturelles exige qu'on n'y laisse pas le bétail pendant la saison humide. Les tassements du sol et les inégalités qui résultent du piétinement causent un préjudice dont nos agriculteurs ne tiennent pas assez compte.

Le système de culture généralement suivi dans notre pays contribue puissamment au mauvais aménagement des prairies ; on ne pourra le rendre meilleur que lorsqu'on aura assuré l'existence des animaux à l'étable pendant le mauvais temps, au moyen des fourrages artificiels desséchés, et pendant la belle saison, par l'abondance des trèfles, vesces, luzernes, etc. et des récoltes-fourrages dérobées, méthode qui tend à faire adopter la culture alterne.

2. — Les prairies artificielles forment presque toujours la base des bons assolements alternes, qui ont pour objet de nourrir un grand nombre d'animaux, ce qui est rarement possible lorsqu'on n'a que des prairies naturelles.

Les prairies artificielles font la vraie richesse des cultivateurs; elles donnent souvent un produit très-élevé et fournissent le moyen d'obtenir des engrais suffisants pour les plantes qui en exigent beaucoup plus.

Les plantes qui constituent le plus ordinairement les prairies artificielles sont les trèfles, les luzernes, le sainfoin, les vesces, la chicorée, le ray-grass, l'ajonc, etc. Nous pourrions encore ajouter à cette liste un grand nombre de plantes qui présentent toutes quelques avantages, mais comme dans ce pays on connaît à peine les plus utiles, nous devons nous borner à conseiller la culture de celles qui pourraient être les plus avantageuses dans notre position.

3. — Le trèfle commun aime une terre substantielle et un peu argileuse; il réussit dans presque tous les terrains.

On le sème au printemps dans une céréale ou dans du sarrazin, à raison de 25 kilogrammes de graine par hectare, que l'on recouvre d'un léger trait de herse à dents de bois, ou avec des épines disposées en forme de herse. Souvent une forte pluie suffit pour l'enterrer.

La bonne graine de trèfle doit être jaune mêlée de violet, bien pleine et bien luisante ; la vieille graine a une couleur plus terne que la nouvelle.

Lorsqu'on sème le trèfle dans une céréale de printemps, on enterre d'abord la céréale à la herse et ensuite on sème le trèfle, que l'on recouvre légèrement comme nous l'avons indiqué.

Lorsqu'on sème dans une céréale d'hiver, on donne d'abord un fort trait de herse à dents de fer pour ameublir la surface du sol, et ensuite on répand la graine de trèfle que l'on recouvre avec une herse plus légère. On sème en différentes saisons ; les premières semailles peuvent se faire de février en mai, dans les céréales, et de mai en juin dans le sarrazin. On pourrait même, lorsque les premières semailles de trèfle ont manqué, en faire de nouvelles en juillet et août. Nous avons fait des essais de ce genre qui ont été couronnés d'un plein succès.

Le trèfle ne revient pas bien plusieurs années de suite sur le même terrain ; il faut un intervalle de 4 à 6 ans lorsqu'on veut obtenir de belles récoltes. La place la plus convenable pour le trèfle, dans un assolement bien combiné, est de le semer dans la céréale qui suit immédiatement les plantes sarclées.

Ce fourrage est un des plus avantageux en raison de l'abondance de ses produits et de la bonne préparation qu'il forme pour le froment (*voyez l'article froment*).

C'est un des fourrages les plus avantageux pour l'entretien des vaches à l'étable.

C'est ordinairement la seconde coupe que l'on réserve à graine. Lorsque la plupart des têtes sont mûres, on fauche et on laisse sécher en retournant le trèfle avec soin ; on le bat ensuite au fléau pour séparer les têtes des tiges. Cette première opération se fait facilement.

Lorsqu'on veut retirer la graine de son enveloppe, on y parvient aisément au moyen des moulins dont se servent les tanneurs pour briser l'écorce de chêne.

Lorsqu'on récolte la graine de trèfle pour son usage, on peut la semer avec son enveloppe, et de cette manière la semaille est beaucoup plus assurée.

4. — Le trèfle incarnat fournit un fourrage très-abondant pour le printemps ; il est ordinairement bon à couper quelque temps avant le trèfle commun. Il est vrai qu'il ne donne qu'une coupe, mais on peut encore après cette récolte semer du sarrazin, planter des pommes de terre, des betteraves, des haricots. Lorsqu'on plantes des betteraves, on doit donner deux labours, et pour les pommes de terre, en fumant le terrain aussitôt après la récolte du trèfle, on plante sur un labour, et l'on obtient presque toujours de très-beaux produits.

Tous les terrains lui conviennent ; cependant, il préfère un sol léger et sablonneux. La semaille se fait en août ou septembre, après une céréale.

Lorsqu'on sème trop tard, c'est-à-dire après la première quinzaine de septembre, la réussite est peu as-

surée dans notre climat, parce que les limaces détruisent les jeunes plants en très-peu de temps, lorsqu'il sur-
vient un temps humide à l'époque de la levée.

Lorsque la céréale qui précède le trèfle incarnat est
très-propre, et que la surface du sol n'est pas trop dure,
un hersage suffit pour l'ameublir : alors une herse en
épine recouvre assez la graine. Lorsque la terre est argileuse, un léger labour à la charrue est nécessaire
avant de semer. On emploie trente kilogrammes de
graine par hectare. Celle qui n'a pas été retirée de son
enveloppe lève beaucoup mieux que celle qui a été
battue; il en faut alors environ cent kilogrammes par
hectare.

Lorsqu'on veut faire du foin de trèfle incarnat, on
doit le faucher aussitôt qu'il commence à fleurir; autrement le fourrage est trop dur, et l'enveloppe de la
graine, qui se détache facilement, forme une espèce de
duvet qui pourrait devenir très-nuisible aux bêtes.

5. — La luzerne est sans contredit le meilleur et le
plus abondant fourrage qu'on puisse cultiver. Malheureusement toutes les terre ne lui conviennent pas; elle
veut un sol riche et profond, et qui ne retienne pas
l'humidité dans les couches inférieures. Elle est moins
exigeante dans les terres qui contiennent du calcaire.

Un essai de quelques hectares, fait dans un terrain
sablonneux des environs de Rennes, a parfaitement réussi, quoique ce terrain ne fût pas préparé par une culture de plantes sarclées, condition très-avantageuse et
même presque indispensable pour le succès de la luzerne.

Dans une autre terre plus argileuse, et dont le sous-sol est composé de schistes feuilletés, elle a également bien réussi.

Ces observations nous portent à croire que la luzerne pourrait très-bien faire dans beaucoup de parties du département, comme elle fait dans l'arrondissement de Saint-Malo ; cependant, il est probable que la grande quantité d'herbe qui se trouve dans nos champs ne lui permettrait pas de durer plus de cinq à six ans ; mais encore, dans ce cas, ce fourrage serait-il très-avantageux.

On sème la luzerne, comme le trèfle commun, dans une céréale. Elle n'est en plein rapport qu'à la troisième année, et elle peut durer douze, quinze et même vingt ans dans les terres qui lui conviennent ; aussi ne doit-on la semer que dans un sol parfaitement nettoyé.

La semaille se fait de mars en mai, à raison de trente kilogrammes de graine par hectare. Un hersage vigoureux, au printemps, est d'un très-bon effet lorsqu'elle a atteint sa deuxième année.

On récolte la graine sur les vieilles luzernières qu'on se propose de détruire.

6. — Le sainfoin est un très-bon fourrage, qui, donné en vert ou conservé en sec, est fort recherché des animaux.

Dans la plupart des terrains il ne donne qu'une coupe, mais elle est très-abondante.

Les sols calcaires, même ceux qui sont de médiocre

qualité, lui conviennent très-bien. Nos terres ne sont pas très-propres à cette culture. Cependant, il est probable que cette plante réussirait sur les terrains calcaires qui avoisinent nos fours à chaux, et les propriétaires de ces terres pourraient quelquefois retirer des plus mauvaises des produits plus abondants en foin de bonne qualité, que dans les meilleures prairies.

On le sème, comme la luzerne et le trèfle, dans une céréale; mais la graine étant beaucoup plus grosse, doit être enterrée à la herse. On en met six hectolitres par hectare.

7. — Les vesces aiment une terre un peu argileuse, aussi réussissent-elles très-bien dans nos environs, et comme nos hivers sont plutôt brumeux que froids, elles gèlent rarement. Les vesces consommées en vert ou en sec forment un très-bon fourrage; on y mêle presque toujours un quart d'orge, d'avoine ou de seigle; ces céréales soutiennent les tiges des vesces et les empêchent de se coucher sur la terre, où elles pourriraient infailliblement dans les années humides.

Elles réussissent très-bien après une récolte de céréales, et dans nos terres argileuses, les vesces sont surtout précieuses, parce que souvent elles se contentent dans ce cas d'un seul labour sans engrais. Cependant, la récolte est plus assurée lorsqu'on peut donner un premier labour aussitôt que la céréale est enlevée, et un autre avant de semer. On recouvre à la herse.

La méthode dont je vous ai parlé pour les semailles d'avoine de printemps sur un labour d'hiver, s'applique avec succès à la culture des vesces.

On sème en octobre et novembre, et au printemps en février et en avril. Les semailles d'automne produisent beaucoup et procurent pour l'été une nourriture abondante.

On emploie environ trois hectolitres de graine par hectare.

La graine récoltée sur les vesces d'hiver peut se semer en automne ou au printemps ; celle récoltée sur les vesces de printemps n'est pas aussi bonne pour les semailles d'automne.

Lorsqu'on veut récolter la graine , il est bon de choisir les vesces qui poussent le moins vigoureusement ; elles donnent davantage et mûrissent plus également.

8. — Le ray-grass est une herbe de la famille des graminées , dont on se sert pour faire des prairies artificielles ou pour former des prairies destinées à être abandonnées comme prairies naturelles.

Il y en a de deux espèces, l'une dite d'*Angleterre*, et l'autre d'*Italie*. Cette dernière se distingue par une petite barbe à sa graine ; la couleur de ses feuilles est moins foncée, et ses tiges sont plus tendres et plus vigoureuses. Cette espèce est plus délicate sur la nature du terrain que celle d'Angleterre , et dure moins longtemps ; celle d'Angleterre est plus propre à former des pâturages.

Les terres fraîches et substantielles paraissent leur convenir; cependant le ray-grass de l'Angleterre réussit sur tous les terrains.

On sème en automne ou au printemps ; l'automne est la saison la plus favorable. On doit semer épais quarante kilogrammes de graine par hectare ; on recouvre très-légèrement.

Le ray-grass convient surtout dans les assolements avec pâturage. Dans ce cas, on le sème dans la céréale qui précède les années de pâturage, et l'on obtient par ce moyen une espèce de prairie très-productive lorsque le sol lui convient.

9. — La chicorée sauvage forme un bon fourrage pour les vaches et les cochons ; cependant les vaches ne la mangent pas avec autant d'avidité que le trèfle ; et, lorsqu'elles ne reçoivent pas d'autre nourriture, le lait perd un peu de sa qualité.

Elle aime une terre fraîche sans être trop humide. On la sème en mars, dans une céréale, comme on le fait pour le trèfle. On emploie quinze kilogrammes de graine par hectare.

10. — L'ajonc est un fourrage très-précieux pour l'hiver ; les chevaux surtout se trouvent bien de cette nourriture pendant la mauvaise saison.

Les terres de médiocre qualité, et même les plus mauvaises, lui conviennent. Il pousse souvent avec force dans les terres ferrugineuses, où tout fourrage refuserait de venir. On peut regarder l'ajonc comme la luzerne des terrains pauvres. On le sème au printemps, dans une céréale, à raison de quinze kilogrammes de graine par hectare, et l'on recouvre d'un trait de herse.

A la deuxième année on peut commencer à le couper. C'est en hiver, lorsque les employés de la ferme sont peu occupés, qu'on fait préparer ce fourrage. On coupe les jeunes tiges, on les hache, et ensuite on les pile dans une auge avec des pilons en bois, jusqu'à ce que toutes les épines soient brisées : dans cet état, tous les animaux le mangent avec avidité. On pourrait le piler au moyen de machines ; quelques propriétaires ont déjà tenté ce perfectionnement, qui a bien réussi. Les prairies artificielles formées d'ajonc (*jannais*) durent très-long-temps. On les coupe tous les deux ans.

11. — La fenaison est une des opérations les plus importantes ; un cultivateur actif doit y donner tous ses soins.

On fauche les prairies naturelles lorsque la plupart des plantes qui les composent sont en pleine fleur ; plus tard, elles perdent beaucoup de leurs qualités nutritives.

Lorsque le foin a été fauché le plus ras de terre possible, ce que l'on ne peut obtenir que dans les prairies bien épierrées, et où les taupinières ont été étendues avec soin, on le laisse en *andains* pendant une journée environ, et ensuite on l'étend au soleil ; lorsque le temps est beau, on peut le retourner deux ou trois fois par jour, et au bout de deux jours il est assez sec pour être mis en gros tas. On reconnaît que le foin est sec lorsque les brins des plus grosses herbes ne présentent plus d'humidité dans leur intérieur.

Tant que les andains n'ont pas été défaits, une pluie

de quelques jours ne nuit pas au au foin ; mais lorsqu'il a été étendu au soleil, et qu'il y a un commencement de dessiccation, il faut éviter de le laisser exposé à la pluie ou à la rosée, ce qui lui enlèverait son parfum et sa couleur verte. Pour éviter cet inconvénient, on fait des tas d'abord très-petits lorsque le foin ne fait que commencer à sécher, et l'on augmente leur volume à mesure qu'il approche du degré convenable de dessiccation. Quand le foin est sec, il doit être disposé en grosses meules ; alors il s'opère une fermentation très-utile à sa qualité. Cette fermentation étant terminée, on doit le botteler et le rentrer, ou bien le conserver en meules ; mais si l'on peut le faire mettre en bottes, il est bien plus facile de rationner les animaux.

Les prairies artificielles doivent aussi être fauchées dès que les plantes qui les composent sont fleuries ; leur dessèchement est plus difficile et plus lent que celui du foin des prairies naturelles.

Comme ces plantes perdent facilement leurs feuilles, (*celle de la famille des légumineuses*), elles doivent être peu remuées ; il suffit donc de retourner les andains sans les faner. Ce foin doit, plus encore que celui des prairies naturelles, être entassé en meules, afin que la fermentation dont il a besoin puisse s'y opérer. Par ce moyen on a moins à craindre la mauvaise odeur que contracte le fourrage, ou l'échauffement qui pourrait aller jusqu'à le brûler ; après cette fermentation on fait bien de rentrer dans les greniers.

NEUVIÈME LEÇON.

POMMIER.

La culture du pommier forme une branche si importante de l'exploitation rurale dans notre département, que nous ne pouvons nous dispenser d'en parler au moins sommairement.

1. — Ces arbres qui couvrent nos champs, et qui en font de véritables vergers, nuisent beaucoup à la culture.

Leurs lignes tortueuses, rapprochées, et leurs branches tombantes jusqu'à terre, gênent surtout les labours. Il serait bien préférable de conserver à ces arbres la totalité d'un ou de plusieurs champs, qu'on labourerait et qu'on fumerait pour entretenir les pommiers en bon état.

2. — Pour se procurer de jeunes pommiers, on prend des pépins que l'on retire du marc du cidre ou qui tombent au fond des cuves destinées à recevoir le cidre sous le pressoir, et on les met dans du sable, comme nous l'avons dit en parlant de l'aubépine ; ou bien ce qui est plus simple, on prend du marc de cidre que l'on étend très-mince sur une terre bien béchée et dressée au rateau, ensuite on couvre avec de la terre meuble et du

terreau. Les jeunes pommiers lèvent en grande quantité ; les seuls soins qu'ils exigent sont des sarclages.

Lorsqu'ils ont un ou deux ans, on les transplante dans une pépinière, en lignes espacées d'un mètre au moins, et en laissant un espace de 6 à 8 décimètres d'un arbre à l'autre. On rabat, c'est-à-dire on coupe ensuite le jeune plant à 4 et 5 centimètres de terre ; chaque année on bèche entre les lignes ou bien on travaille le sol au moyen de petites charrues, ou de charrues sans versoir. On peut même, dans l'intervalle de ces lignes, cultiver des betteraves, des choux, des pommes de terre, des carottes, des oignons, etc.

Les engrais que l'on applique à ces plantes et les binages dont elles ont besoin, contribuent puissamment à entretenir les jeunes arbres en bon état. On ne doit pas émonder les pommiers tout d'un coup, parce qu'en enlevant les branches en entier, les jeunes arbres grossissent moins vite, poussent trop en tête, forment une tige presque aussi grosse du haut que du bas, et finissent par devenir tortueux et rabougris. Ainsi, ou se contentera d'enlever graduellement les branches B (*Fig.* 13), qui poussent latéralement, et l'on retranchera, dans toutes les parties où elles se rencontreront, les grosses branches A qui menacent d'entraîner toute la sève de l'arbre ou de lui donner une mauvaise forme. Ces soins d'entretien, quoique complètement négligés dans les pépinières dès campagnes, sont cependant d'une grande importance.

3. — Lorsque les pommiers ont atteint 12 à 15 centimètres de tour, on les plante à demeure dans les champs ou dans les vergers ; on a bien soin de conserver toutes

les racines, quand on enlève les jeunes arbres de la pépinière et de les étendre avec soin quand on les replante.

Lorsqu'on peut se procurer des chiffons de laine, des cornes ou d'autres débris animaux, on augmente d'une manière extraordinaire la vigueur des jeunes arbres, en en mettant au pied quelques kilogrammes.

Quelques années après, lorsqu'ils sont bien repris et que leur végétation est vigoureuse, on les greffe en fente à la hauteur de deux mètres environ, et on dispose la tête qui provient de la greffe sur trois ou quatre mères branches. (*fig.* 14). Plus tard on se borne à enlever le bois mort, et à couper les branches qui garnissent trop l'intérieur de l'arbre.

4. — Nos cidres sont de bonne qualité; mais il est probable qu'en les soignant davantage on les ferait encore meilleurs.

Les pommes de différentes espèces, et qui mûrissent plus ou moins vite, devraient être mises séparément, afin de ne les broyer qu'à l'époque de leur complète maturité.

Ces cidres ne sont soutirés qu'une fois seulement pour retirer la grosse lie; aussi ont-ils une disposition à prendre un goût aigre et dur. En les soutirant plusieurs fois, ils se conserveraient mieux et auraient un goût plus agréable.

A l'époque de la fermentation, on augmente beaucoup la qualité du cidre si l'on y ajoute par barrique 4 à 5 kilogrammes de cassonade ou de toute autre matière sucrée. On peut même, dans les années où les pommes ne sont pas abondantes, mettre moitié eau et moitié cidre sortant du pressoir, et ajouter dans la futaille 7 kilogrammes de cassonade par barrique.

La récolte des pommes est souvent très-productive; mais, dans les années d'abondance, c'est un véritable fléau pour les fermiers de notre pays, qui ne peuvent plus se rendre maîtres des ouvriers et des domestiques. Cet inconvénient résulte de la trop grande quantité de pommiers plantés sur presque toutes les fermes, et dont le nombre augmente d'une manière vraiment effrayante pour l'agriculture. Le cidre n'étant pas une production que l'on puisse exporter, les propriétaires devraient se borner à planter modérément, et ne pas couvrir les champs, qui finiront par ne plus rien produire.

La consommation du cidre doit être soigneusement réglée, même dans les années les plus abondantes. C'est le moyen d'en avoir toujours, et d'éviter les désordres et mêmes les abus qui résultent de la profusion.

TROISIÈME PARTIE.

ÉCONOMIE DU BÉTAIL.

DIXIÈME LEÇON.

L'économie du bétail comprend tout ce qui a rapport à la multiplication, à l'éducation et à l'entretien des bestiaux. Son importance ne peut être contestée.

BÉTAIL A CORNES.

1. — Il existe de grandes différences dans les races de bêtes à cornes ; les vaches de notre département présentent des caractères qui sont assez constants.

La race des landes, qui est la plus nombreuse et qui est probablement la race primitive, fournit généralement de très-bonnes vaches laitières. Les individus de cette espèce ont la tête fine, les cornes pointues et recourbées, le cou et les membres grêles, le ventre grand et le pis très-développé. Ces petites vaches sont très-faciles à nourrir, et la plupart du temps elles ne reçoivent que de la paille en hiver, et dans la belle saison, les herbes dures et grossières des landes.

Cette race, bien nourrie, donne des animaux mieux conformés et d'un bon produit; elle convient parfaitement au système de culture suivi actuellement dans le pays; mais il serait très-avantageux de la perfectionner à mesure que notre culture s'améliore et fournit des aliments plus substantiels à la nourriture de nos animaux.

Pour améliorer cette race, on pourrait commencer par choisir les plus beaux taureaux de l'espèce, les bien nourrir et ne leur laisser couvrir les vaches qu'à l'âge de deux ans. Lorsque par ce moyen on aurait obtenu des animaux plus robustes, on pourrait choisir parmi les espèces qui présentent des qualités qui manquent à nos animaux, des mâles bien conformés.

Dans nos campagnes, les jeunes taureaux font la saillie souvent dès l'âge d'un an; ils sont très-souvent plus petits que les vaches qu'on leur amène. Ces animaux, mal nourris, pris au hasard, et souvent épuisés par la grande quantité de saillies, donnent des produits très-chétifs.

Les croisements faits jusqu'à présent ont été si peu suivis et si mal entendus, que beaucoup des animaux qui en proviennent ont moins de qualités que l'espèce même du pays.

Il faut espérer que des fermiers intelligents s'occuperont de cette branche si importante de l'agriculture, et qu'au lieu de s'attacher à la couleur ou à la taille élevée de l'animal, on choisira le mieux conformé et celui qui aura le plus de qualités.

La race suisse de Schiwtz, introduite depuis peu dans notre département, améliorera notre race de bêtes à cornes ; elle donnera à nos vaches et à nos bœufs cette force de membres et cette belle conformation qui la caractérisent et qui manquent à nos espèces. La race normande ne pourrait atteindre ce but, puisque sa conformation est à peine aussi bonne que celle de nos espèces. Nous obtiendrions par ces croisements des bêtes mal construites et seulement d'une taille plus élevée.

MANIÈRE D'ÉLEVER.

2.— Il est nécessaire d'apporter un grand soin au choix du taureau : la tête doit être courte et épaisse, le front large, les yeux vifs, les oreilles longues et bien placées, les cornes courtes et fortes, les naseaux grands, le cou fort, la poitrine large, la croupe et les cuisses bien développées, le corps long et les jambes courtes et bien proportionnées ; une démarche hardie est un signe de vigueur. Lorsqu'on le peut, il est bon de choisir de préférence celui qui est issu d'une vache bonne laitière. Les taureaux de trop forte taille ne sont pas toujours les plus convenables.

On a remarqué que les vaches qui présentaient les caractères suivants produisaient beaucoup de lait : la tête, le cou et les jambes minces, le pis pendant, mince et non charnu, la croupe large et tout le corps un peu allongé. De grosses veines sous le ventre sont encore un signe favorable à la production du lait. Le poil doit être doux et la peau souple et non adhérente aux côtes.

Pour obtenir des animaux bien conformés, on choisit les vaches bien faites et qui ont achevé leur crue, car en général les produits tiennent plus de la mère que du père.

On doit attendre que les jeunes animaux aient atteint l'âge de deux ans avant de les laisser accoupler. Sans cette précaution on s'expose à affaiblir l'espèce.

La vache porte ordinairement neuf mois ou neuf mois et demi. Pendant ce temps on lui donne une bonne nourriture, et l'on évite avec soin qu'elle soit heurtée ou poursuivie par les chiens.

Quelques personnes pensent qu'en donnant très-peu de nourriture aux vaches peu de temps avant l'époque de la mise bas, on facilite le *vélage*; c'est un préjugé qui peut faire beaucoup de mal aux animaux. On doit au contraire donner à la vache une nourriture très-substantielle, afin qu'elle puisse fournir une grande quantité de lait au jeune veau.

A l'époque du *part* ou *vélage*, il est très-prudent d'abandonner l'opération aux soins de la nature, et l'on ne saurait trop blâmer la pratique vicieuse de tirer sur le veau, car il en résulte toujours des accidents. Cette méthode est en usage dans toutes les fermes du département, et il sera difficile d'en faire comprendre l'inutilité et les dangers.

Lorsque les pieds du veau se présentent les premiers et que la tête repose dessus, le reste du corps sort très-facilement. Presque toujours le cordon ombilical se rompt seul ; dans le cas contraire, on le noue à deux ou trois centimètres du ventre du veau, et on le coupe à une distance à peu près égale au-dessus du nœud.

L'arrière-faix (délivre) ou enveloppe dans laquelle se trouve le veau, sort presque toujours de lui-même. On favorise sa sortie en donnant à la vache une nourriture à la fois tonique et succulente.

On élève les veaux de deux manières, en les faisant téter ou en les faisant boire. Dans l'un et l'autre cas, on sépare le jeune veau de sa mère, parce qu'il la tourmenterait et que les vaches voisines pourraient l'écraser. Ensuite on le fait téter à des heures réglées, trois fois par jour, par exemple. Le premier lait a une propriété purgative, qui loin d'être nuisible est bienfaisante, en ce qu'elle débarrasse les intestins du veau.

On laisse ordinairement téter les veaux qu'on destine à la boucherie ; mais quand on veut les élever, il faut les séparer sur-le-champ de leur mère, dont on leur fait boire tout le lait pendant les premières semaines, ensuite on y ajoute de l'eau tiède avec de la farine d'orge ou des pommes de terres écrasées ; on augmente graduellement ces substances, et l'on diminue la quantité de lait.

Cette méthode, qu'on suit peu dans notre pays, est très-recommandable sous tous les rapports.

Au bout de quatre à cinq semaines on commence à donner du foin aux veaux, qui s'habituent petit à petit à cette nourriture, et lorsqu'ils ont deux mois on peut leur retrancher le lait.

Lorsque les veaux ont la diarrhée, on leur fait prendre des jaunes d'œufs avec quelques cuillerées de vin rouge.

3. — On reconnaît l'âge des bêtes à cornes, à la chûte des dents de lait, à l'usure des dents remplaçantes et aux anneaux des cornes. Ces animaux ont huit dents incisives à la machoire inférieure ; la supérieure en est dépourvue. Les dents du milieu dites pinces tombent et sont remplacées vers deux ans ; celles d'à côté, dites premières mitoyennes, tombent de deux à trois ans ; celles qui viennent ensuite, et qu'on nomme secondes mitoyennes, de trois à quatre ans, et enfin les coins, vers quatre à cinq ans. Après cet âge, les dents qui étaient tranchantes et qui se joignaient bien s'usent et se déjoignent.

Chaque anneau formé à la base des cornes correspond à une année et la pointe en indique trois. Quoique ce signe soit quelquefois trompeur, il est assez commode pour juger approximativement de l'âge au premier abord.

NOURRITURE.

4. — La plupart du temps ce sont les fourrages secs qui forment la base de la nourriture d'hiver, et très-souvent la paille compte pour beaucoup dans cette nour-

riture. Cependant, lorsque la paille est donnée pure aux vaches laitières, elles rendent peu de lait et dépérissent.

La paille de froment est la plus nourrissante ; après elle vient celle d'avoine, ensuite la paille d'orge, et enfin celle de seigle, qui est la moins bonne. Les pailles de vesces et de pois, ainsi que les siliques de colza conservées avec soin, nourrissent bien les bêtes à cornes.

Une vache s'entretient bien avec cinq kilogrammes de foin par jour et de la paille à discrétion. Ces fourrages doivent être distribués aux bêtes en quatre à cinq repas, car lorsqu'on en donne trop à la fois elles l'abattent sous leurs pieds et en perdent beaucoup.

Voici une manière assez convenable pour la distribution de la nourriture, c'est celle que nous suivons : Le matin les vaches reçoivent une ration de foin, vers huit heures des betteraves, à onze heures de la paille, à deux heures des betteraves, à quatre heures du foin et à six heures de la paille.

Les récoltes racines telles que les pommes de terre, les betteraves dites disettes, les carottes, les panais, etc., forment pour les vaches laitières une très-bonne nourriture. En ajoutant douze à quinze kilogrammes de ces racines à la quantité de foin indiquée plus haut, le produit en lait est beaucoup plus considérable. On donne aussi aux vaches laitières, avec beaucoup d'avantage, une boisson ou espèce de soupe, dite *branée*, composée avec de l'eau tiède, de la farine d'orge ou du son, des feuilles de choux, des betteraves hachées ou des pommes de terre.

5*

Les racines sont employées crues ou cuites. Lorsqu'on les destine aux vaches laitières on les donne crues, parce que, dans cet état, elles favorisent la production du lait. Quand elles sont cuites elles valent mieux pour les bêtes à l'engrais.

Au moyen d'un petit appareil très-simple on peut faire cuire les racines à peu de frais.

On dispose sur une chaudière ou chaudron placé sur un fourneau (*fig.* 15), une barrique dont le fond est à claire-voie; on remplit la barrique de racines, on la couvre avec un vieux linge mouillé et par-dessus un couvercle en bois, et ensuite on fait bouillir l'eau contenue dans le chaudron. En employant ce moyen, les racines cuisent mieux, plus promptement et avec plus d'économie que si elles étaient dans l'eau.

Lorsqu'on donne des racines crues, il est indispensable de les hacher, soit à la main, soit avec un coupe-racines; sans cette précaution on s'expose à de graves accidents. Lorsqu'on peut établir des mangeoires basses surmontées de petits râteliers, les bêtes profitent mieux de la nourriture qu'on leur donne. Dans nos campagnes elles n'ont ni crèches ni râteliers, et on dépose leurs aliments devant elles sur le fumier. Il résulte de là une perte considérable de nourriture, car les animaux la foulent aux pieds, et ne mangent point celle qui a touché leurs excréments.

Il importe beaucoup de faire boire les vaches en hiver, car lorsque l'eau est très-froide elles le font avec répugnance. Il est donc nécessaire d'examiner soigneusement si toutes les vaches boivent, et si quelques-unes s'y refusent, il faut les y engager en mettant une petite quantité de son dans l'eau, ou en la faisant tiédir. Je ne saurais trop non plus vous recommander de leur donner à manger à des heures réglées. Une bonne litière n'est pas moins indispensable à leur santé, et le pansement de la main contribue beaucoup à les entretenir en bon état.

On doit enlever le fumier au moins une ou deux fois par semaine. Il vaudrait mieux même faire cette opération tous les jours ; cependant nos cultivateurs le laissent pendant plusieurs mois sous leurs vaches, et souvent ce n'est que quand ils veulent s'en servir qu'ils curent les étables. Cette pratique a plusieurs inconvénients : elle nuit à la santé des bêtes, qui se trouvent dans une athmosphère altérée par les émanations putrides, et d'un autre côté le fumier pourrit moins également et l'on en obtient une moins grande quantité. En disposant les étables de manière que les urines se rendent toutes dans un même lieu, on en tire un bon parti pour arroser les fumiers et les prairies.

La nourriture d'hiver dure ordinairement six mois. Il est prudent de compter sur un demi-mois de plus, parce que lorsque la mauvaise saison se prolonge et que les fourrages printaniers se trouvent retardés, les animaux font une consommation de fourrage plus considérable.

Le passage de la nourriture d'hiver à celle d'été ne doit pas être trop brusque ; il faut habituer graduellement les animaux au fourrage vert qui, donné d'abord en trop grande quantité, pourrait les exposer à beaucoup d'accidents.

5. — Voici à peu près l'ordre dans lequel se présentent les fourrages de printemps : les navets à faucher, du 15 mars au 1er avril; le colza, du 1er au 15 avril; le seigle en vert, du 15 avril au 1er mai; ensuite le trèfle incarnat et le trèfle commun dans la dernière quinzaine de mai.

Les fourrages de printemps ne vous manqueront pas, si vous avez le soin de cultiver les plantes dont nous avons parlé plus haut. C'est alors que vous pourrez restreindre l'étendue des pâturages à ce qu'il faut seulement pour promener les animaux, car il est très-avantageux de tenir les bêtes à l'étable pendant une partie du jour; le fumier de l'exploitation s'en trouve augmenté de beaucoup.

Dans les fermes de notre département on fait tout le contraire : les vaches restent à la pâture aussi long-temps que cela est possible; de là vient que dans les localités où il est difficile de se procurer du fumier à prix d'argent, la plus grande partie de la ferme reste en friche.

Les fourrages printaniers, qui ne sont pas aussi nutritifs que les trèfles, relâchent légèrement les animaux et disposent leur estomac à supporter une nourriture verte, plus substantielle.

Le pâturage sur les terres en friche ou sur celles que l'on destine aux cultures d'été, ne peut être que ruineux;

car, comme nous l'avons déjà dit, le fumier du bétail qui passe une partie du jour hors des étables est à peu près perdu, et en outre il faut une grande étendue de terre pour entretenir les animaux en suivant cette méthode.

Trente ares d'une bonne prairie artificielle nourrissent mieux une vache ou un bœuf que cent cinquante ares de pâturages.

Lorsqu'on suit un système d'assolement avec pâturage, l'inconvénient est moins grand, parce que les pâturages semés sur une terre bien préparée fournissent une nourriture bien plus abondante aux animaux que les herbes qui croissent naturellement sur un sol épuisé, et que l'on a abandonné parce qu'il ne pouvait plus rien produire.

Les trèfles peuvent former la base de la nourriture d'été; ils réussissent très-bien dans nos terres fortes, et lorsqu'ils manquent, les vesces les remplacent avantageusement. Dans les terrains où la luzerne réussit, la nourriture d'été est plus assurée, parce que cette plante est une de celles qui végètent encore lorsque la terre est trop sèche à sa surface pour que la plupart des autres fourrages puissent fournir de la nourriture aux animaux.

Il est bon de commencer à couper une partie du trèfle de très-bonne heure, parce que la partie fauchée d'abord fournit une seconde coupe lorsque tout le reste a été coupé. On nourrit le bétail, à la fin de l'été, avec ses feuilles de betteraves, de choux, de rutabagas, etc.; on peut aussi semer de la moutarde blanche après les vesces d'hiver, et l'on obtient par ce moyen un fourrage assez abondant pour l'automne.

Il ne faut pas donner le trèfle et les vesces en trop grande quantité, surtout quand ces fourrages sont jeunes et tendres, parce qu'il en résulte des accidents très-graves, entre autres, la météorisation, ou gonflement du flanc gauche. Pour y remédier, on fait avaler à la bête malade une ou deux cuillerées (une vingtaine de gouttes pour un mouton) d'alkali volatil *(ammoniaque liquide)*. Pendant l'effet de ce remède, on la promène et on la bouchonne, et l'on a soin de la tenir dans un lieu plutôt frais que chaud. Au bout d'une demi-heure, si le gonflement n'a pas diminué, on donne une nouvelle dose. Après deux ou trois, il est bien rare que l'animal ne soit pas désenflé : dans le cas contraire, on est obligé de percer le flanc, opération qui exige un homme exercé, ou du moins qui ait vu pratiquer cette opération, très-simple du reste.

Les racines, prises en trop grande quantité, peuvent aussi produire la météorisation.

C'est entre les repas qu'il faut abreuver le bétail, et non immédiatement après qu'il a mangé. L'eau des mares, pour peu qu'elle ne soit pas trop malpropre, leur convient mieux que l'eau trop vive des fontaines.

Le fourrage vert, lorsqu'il est mouillé, n'est pas aussi nuisible qu'on le croit généralement ; il faut seulement avoir l'attention de ne pas l'entasser dans les étables, où il s'échaufferait, et prendrait un mauvais goût.

La nourriture verte produit plus de lait, et de meilleure qualité que les fourrages secs, surtout quand on ne joint pas à ces derniers une certaine quantité de racines. On peut nourrir avantageusement les bêtes à cornes avec les résidus des féculeries, des sucreries, des brasseries, etc.; mais on ne peut nourrir ainsi les animaux que dans des exploitations où se trouvent des usines de ce genre, et l'on n'en rencontre que peu dans notre pays.

C'est à l'âge de cinq à six ans que les vaches donnent le plus de lait, et elles le conservent jusqu'à l'âge de douze ans environ.

LAITERIE.

6. — La laiterie est, dans notre département, le meilleur moyen de tirer parti du bétail à cornes : l'engraissement de ces animaux y est peu suivi, et ne fait point ordinairement la base de l'entreprise agricole.

On vend le lait doux, ou bien on le transforme en beurre ou en fromage. Lorsqu'on trouve à vendre tout le lait, c'est le meilleur moyen d'en tirer un bon parti.

Il faut apporter la plus grande attention à ce que l'on traie les vaches complètement : sans cette précaution, les produits diminuent considérablement. On trait deux ou trois fois par jour. Quelques cultivateurs distingués ont prétendu qu'en adoptant cette dernière méthode, on obtenait un peu plus de lait, mais qu'il était un peu moins substantiel. Le lait qui vient le premier est moins gras, et contient moins de crème que le dernier trait.

Il est très-utile de faire laver le pis des vaches avant de les traire. Cette pratique n'est point en usage dans notre pays; elle contribuerait pourtant à la bonne qualité du laitage et à la conservation du beurre.

On cesse de traire les vaches environ un mois avant l'époque du vélage, quand même elles donneraient encore du lait.

7. — Lorsqu'on veut faire du beurre, on doit avoir une chambre ou laiterie dont la température puisse se conserver égale; pour cela, il serait bon que le plancher fût au-dessous du niveau du sol, à peu près comme nos celliers. Des ouvertures bien disposées doivent faciliter le renouvellement de l'air.

Il est tout-à-fait indispensable d'entretenir les vases et ustensiles de laiterie dans une grande propreté. On les fait ordinairement en terre cuite, évasés et peu profonds (*fig.* 16), parce que cette forme permet à la crème de se réunir plus promptement à la surface, et en plus grande quantité que lorsque ces vases sont étroits du haut. Le lait prend promptement un mauvais goût lorsqu'il est dans un air vicié ou que quelques malpropretés s'y sont mêlées : peu de liquide sont aussi délicats.

La crème qui n'a pas séjourné long-temps sur le lait est plus douce, et le beurre qui en provient se conserve mieux et a un goût plus fin que lorsqu'on laisse cailler entièrement le lait. Il est donc indispensable, lorsqu'on veut avoir du beurre très-délicat, de baratter souvent, et dans ce cas il n'est pas besoin que le lait soit aigre : il suffit seulement qu'en traversant la crème avec la pointe d'un couteau le lait ne vienne point à la surface.

Les instruments dont on se sert pour séparer le beurre, et que l'on nomme barattes, sont de différentes formes. Celles qui exige le moins de force et qui battent le mieux la crème doivent être préférées. Les barattes cylindriques de M. Valcour *(fig. 17)* sont très-commodes.

Un degré de chaleur convenable (1) est essentiel pour séparer le beurre de la crème. Lorsque par le froid cette opération se fait trop difficilement, on échauffe le lait en y ajoutant un peu d'eau chaude, ou bien on place la baratte dans un autre vase contenant de l'eau plus ou moins chauffée, suivant la température. Lorsqu'au contraire il fait trop chaud, le beurre se rassemble difficilement, et l'on peut mettre la baratte dans de l'eau froide pour favoriser l'opération. Le lait qui provient des vaches sur le point de faire leur veau donne son beurre difficilement.

Lorsqu'il tombe des cendres ou du savon dans la crème, le beurre s'en sépare mal; on éprouve encore le même inconvénient, lorsqu'après avoir baratté pendant un certain temps on suspend l'opération assez long-temps pour que la crème ou le lait change de température. Dans beaucoup de nos fermes, on ne manque pas de s'en prendre à quelques sortiléges, et l'on a recours à des procédés superstitieux, pour détruire les effets du maléfice. Plus de soins, de propreté et de précision dans le travail feraient éviter ces inconvénients.

Lorsque le beurre est fait, il est très-essentiel de le

____

(1) Environ 10 à 12 degrés.

laver, et ensuite de le travailler fortement pour en tirer tout le petit lait qui lui communique un mauvais goût et l'empêche de se conserver aussi bien. On se sert, pour le pétrir et le laver, d'un large vase et d'une cuillère en bois. Le beurre de Rennes est très-bon, mais il se conserverait mieux si nos fermières pouvaient se décider à le laver et à le délaiter avec plus de soin. On donne une plus belle couleur au beurre, en mettant dans la baratte du jus de carottes ou de la fleur de souci.

Le lait de beurre est employé avec avantage à la nourriture des cochons; celui dont on a enlevé la crème convient aussi parfaitement aux veaux de quatre à cinq semaines. Dans la plupart de nos fermes, on ne sépare point la crème du lait, et l'on baratte le tout ensemble. On obtient, à l'aide de ce procédé, du beurre d'un goût assez agréable, mais il est probable qu'on nuit ainsi à la conservation du beurre, que l'on a de la peine à débarrasser d'une partie du lait qui y reste mêlée.

8. — La fabrication des fromages n'est pas en usage dans ce département. Cependant il est bon de vous faire connaître les plus faciles à préparer; car il est probable que notre lait, qui est de très-bonne qualité, fournirait de très-bons fromages; pour mon compte, j'en suis persuadé, d'après quelques essais.

On fait d'innombrables variétés de fromages; pour les uns, on fait cuire le lait caillé (à peu près comme nous faisons le chauffé); exemple les fromages *de Gruyère*, de Suisse, de Hollande, etc. Pour d'autres, on les fait tout simplement égoutter; exemple le fromage de Brie. Nous nous occuperons seulement de cette dernière méthode. Dans chacune de ces espèces de fromages, on les distingue encore en gras, demi-gras ou tout à fait maigres. Pour les avoir gras, on fait cailler le lait aussitôt qu'il est trait; pour les avoir demi-gras, on enlève une partie de la crème, et pour les avoir maigres on attend que toute la crème soit montée.

Pour faire cailler le lait, on emploie l'estomac, c'est-à-dire la caillette d'un veau qui tête encore. La préparation de cette caillette consiste à la laver aussitôt qu'on l'a retirée du jeune veau, ensuite on la met à tremper pendant trois ou quatre jours dans du vinaigre et du sel; après cela, on la souffle comme une vessie et on la fait sécher: dans cet état, elle peut se conserver très-long-temps.

On emploie différents procédés pour faire cailler le lait; celui que je vous indique ici m'a paru le plus simple; il est aussi consacré par la pratique.

Lorsqu'on veut faire un fromage, on prend du lait plus ou moins dépouillé de sa crème, suivant l'espèce de fromage que l'on veut obtenir. Pour cinq à six litres de lait, on en retire environ un verre, et on y trempe pendant quelque temps un petit morceau de caillette, à peu près de la grandeur d'une pièce de deux francs; on retire ce morceau, et ensuite on mêle le verre de lait avec tout le reste. En hiver, on met le lait dans une chambre un peu chaude. Au bout de douze ou quinze heures, le lait étant complètement pris, on le retire du vase avec une cuillère, de manière à ne pas le briser; on le dépose dans une forme ou vase percé de trous, en ferblanc (*fig.* 18), en terre ou en bois, et on le laisse égoutter. Lorsque le fromage est assez dur pour ne pas se briser en le tirant du moule, on le met sur une planchette et on le saupoudre de sel ; quelques jours après on le retourne, pour le faire sécher aussi de l'autre côté.

Pour sécher les fromages, un cercle de barrique, sur lequel on cloue des lattes, forme une petite claie très-commode. On suspend cette claie avec des cordes dans le cellier lorsque le temps est sec, ou dans le grenier lorsque le temps est humide.

Si le fromage ne *passe* pas, c'est-à-dire si le caillé ne prend pas de lui-même la qualité de fromage, on l'enveloppe de foin ou de paille d'orge mouillée ; et pour hâter cette transformation, on le met dans un pot et on le dépose dans le cellier.

Nous ne nous occuperons pas de la fabrication en grand des différentes espèces de fromages ; ce qui précède vous suffira pour en préparer quelques-uns de bonne qualité, avec les seuls ustensiles de la ferme, et sans avoir besoin de recourir à un appareil complet de laiterie.

ENGRAISSEMENT DU BÉTAIL A CORNES.

9. — Lorsqu'on ne peut se livrer avantageusement à l'entretien des vaches laitières, l'engraissement du bétail à cornes peut souvent former la base de l'entreprise agricole. Pour réussir dans ce genre de spéculation, il faut encore, plus que pour toute autre partie, s'en oc-

cuper directement soi-même et bien connaître les qualités qui caractérisent les animaux de bonne conformation pour prendre la graisse. Il faut aussi avoir l'habitude des achats et des ventes; car sans cela on peut perdre tout le bénéfice qu'on pourrait raisonnablement attendre d'un système de nourriture bien entendu, en achetant au-dessus du cours et en vendant au-dessous. Pour arriver à une juste évaluation du bétail, il faut un tact et un coup-d'œil qui ne peuvent être acquis que par la pratique.

C'est vers la septième ou la huitième année que le bétail à cornes s'engraisse le plus facilement; les jeunes bêtes exigeraient une plus grand quantité d'aliments.

L'engraissement au pâturage ne peut avoir lieu avantageusement que sur des prairies de bonne qualité et en nombre suffisant pour avoir une nourriture égale pendant toute l'année.

Il est très-important d'éloigner tout ce qui peut inquiéter le bétail : aussi ne doit-on laisser entrer les hommes que le moins possible dans les pâturages, et surtout en éloigner soigneusement les chiens. Lorsqu'on commence l'engraissement, on met les bêtes dans les pâturages les moins bons, et qui ont déjà été parcourus par des animaux plus gras; quelque temps après on les met dans les prairies de qualité moyenne, et enfin dans les pâturages de meilleure qualité, pour terminer l'engraissement. Lorsqu'il ne se trouve pas d'eau dans les prairies, on pratique des mares, afin de retenir les eaux pour les besoins du bétail.

L'engraissement est plus prompt au printemps et n'exige presque aucun soin.

On engraisse encore avec les fourrages verts à l'étable. Dans cette circonstance peu habituelle, il faut donner la nourriture en abondance, et observer les règles d'ordre et de soins déjà prescrites. Un bœuf mange de 75 à 100 kilogrammes de fourrage vert par jour; en ajoutant une petite ration de foin sec, on accélère beaucoup l'engraissement; en donnant une petite quantité d'orge moulue, on obtient des résultats encore plus satisfaisants.

L'engraissement au foin peut être mis en pratique dans les localités où cette denrée est à bon ·marché, et lorsque la vente n'en est pas facile. 20 kilogrammes de foin par jour suffisent à un bœuf de taille ordinaire; mais ces animaux engraissent plus promptement et coûtent moins, en remplaçant une partie du foin par une vingtaine de kilogrammes de betteraves ou de pommes de terre et de la paille à discrétion. En faisant cuire les pommes de terre comme nous l'avons indiqué, l'engraissement est plus rapide et il faut moins de nourriture.

Lorsque les animaux sont un peu gras, on peut ajouter à la nourriture ordinaire 2 ou 3 kilogrammes d'orge concassée, de féveroles ou de tourteaux d'huile de lin.

Ces aliments doivent être distribués avec la même exactitude que pour les vaches laitières, et les soins de propreté et le pansement de la main sont encore plus indispensables.

L'engraissement des bœufs qui ont beaucoup travaillé doit toujours être précédé d'un certain temps de repos, pendant lequel on ne donne pas la nourriture complète de l'engraissement ; quelques cultivateurs sont dans l'usage de faire pratiquer une légère saignée à cette époque. On doit toujours conserver la nourriture la meilleure et la plus substantielle pour la fin de l'engraissement.

Dans les exploitations où les animaux sont biens nourris, il s'en trouve quelques-uns qui, avec la ration ordinaire, s'engraissent de manière a être vendus avantageusement. Lorsqu'on ne saisit pas cette époque favorable à la vente, on perd souvent tout le bénéfice que l'on pouvait faire sur une bête qui a atteint son plus haut prix et qui ne peut que diminuer.

10. — Outre les produits qu'on retire des bêtes à cornes pour le lait et la viande, on les emploie avec avantage aux travaux de culture comme bêtes de trait. Les bœufs y sont plus propres que les vaches, qui pourraient cependant, dans quelques circonstances, être attelées avec avantage.

On a long-temps discuté sur la préférence à donner aux bœufs ou aux chevaux ; mais on n'a pas assez tenu compte de la position où chaque cultivateur se trouvait.

Les chevaux ont certainement des avantages que nous allons énumérer ici ; nous en ferons autant pour les bœufs, et d'après cela, chacun devra juger quel genre d'attelage sera plus convenable à sa position.

Les chevaux exécutent tous les travaux de culture ;

ils vont plus vite et soutiennent le travail plus long-
temps. Leur vivacité fait qu'ils surmontent plus facilement les obstacles qui arrêteraient les bœufs.

D'un autre côté, voici ce que l'on peut dire en faveur
des bœufs : ils exécutent les travaux de charrue au moins
aussi bien que les chevaux, et ils peuvent faire les char-
rois de l'exploitation lorsqu'ils ne sont pas trop éloignés
et qu'ils n'exigent pas une trop grande célérité; ils coûtent moins d'entretien et de nourriture, car ils peuvent
faire un travail soutenu avec des fourrages secs ou verts,
et des racines, tandis que les chevaux doivent toujours
recevoir une certaine quantité de grains, dont le prix
est plus élevé que celui des fourrages ou des racines. Leur
prix d'achat est ordinairement moins considérable; ils
sont moins exposés aux accidents, et même leur valeur
augmente presque toujours lorsqu'on n'en tire pas un
travail excessif.

Les chevaux, au contraire, diminuent beaucoup de
prix lorsqu'ils ont éprouvé quelques accidents. En effet,
on ne peut tirer aucun parti d'un cheval qui a la jambe
cassée, tandis qu'un bœuf, dans le même état, perdra
peu de sa valeur, parce qu'on en retirera un bon parti
en le faisant abattre, s'il a été bien nourri.

D'après cela, le travail exécuté par les bœufs est toujours à plus bas prix que celui que font les chevaux;
mais les bœufs ne peuvent être convenablement employés
à tous les travaux d'une exploitation. On doit donc se
borner à entretenir seulement le nombre de chevaux nécessaire pour faire les travaux qui ne conviendraient pas
aux bœufs.

On attèle les bœufs au collier ou au joug; le premier mode d'attelage est préférable sous beaucoup de rapports ; mais comme il est beaucoup plus dispendieux , les avantages qui en résultent ne peuvent dédommager du prix élevé des colliers, et ce serait en vain que nous chercherions à introduire cette méthode dans notre pays, où nous ne devons conseiller que des améliorations qui produisent un bénéfice immédiat.

ONZIÈME LEÇON.

COCHONS ET BÊTES A LAINE.

Dans toutes les fermes, l'entretien des cochons est avantageux , parce que ces animaux consomment des matières qui, sans eux , pourraient être difficilement utilisées.

Il importe, pour les cochons autant que pour les autres espèces de bétail, de choisir une bonne race, estimée dans le pays et facile à vendre.

Les signes suivants annoncent ordinairement un bon porc : la hure courte , les yeux clairs et vifs, les oreilles longues et pendantes, le cou épais, les épaules larges , le dos droit, le corps allongé, le ventre tombant et les jambes courtes.

1. — Les cochons de race bretonne présentent en général peu de ces caractères, et leur conformation est plutôt mauvaise que bonne; ils ont la tête longue, le cou mince, les épaules et la croupe étroites, le dos fortement bombé et les jambes très-longues. La race de la Sarthe, dite *cranaise*, est mieux conformée et engraisse avec beaucoup plus de facilité; elle commence à se répandre chez quelques cultivateurs intelligents. D'autres espèces mieux construites, telles que les races anglaise, chinoise, anglo-chinoise, etc., ont été introduites dans quelques exploitations; mais elles ont en général produit peu de bénéfices, en raison de la difficulté qu'on éprouvait sur les marchés pour la vente de ces animaux. Cet obstacle qui, au premier abord, peut paraître peu difficile à vaincre, est cependant assez grand pour s'opposer d'ici long-temps à l'introduction de ces nouvelles espèces. Du reste la race *cranaise*, quoique présentant quelques imperfections, est très-facile à nourrir et à engraisser; elle est recherchée sur nos marchés depuis quelque temps.

Dans les exploitations rurales où l'on fait beaucoup de beurre, le petit-lait est employé avec avantage à la nourriture des cochons; ces animaux peuvent aussi procurer un débouché avantageux pour les récoltes de pommes de terre.

Le prix des cochons est très-variable; aussi, lorsqu'on veut en engraisser pour les revendre, il faut suivre les marchés et acheter les bêtes maigres lorsque le prix n'en est pas trop élevé, car les variations souvent très-subites dans le prix, absorbent les bénéfices et exposent même à des pertes assez considérables.

2 — Lorsqu'on veut élever des cochons, on doit choisir un mâle ou verrat bien conformé, d'une race féconde, et surtout une truie ou femelle d'une forte constitution ; celles qui font le plus de petits doivent être préférées. Quelquefois le nombre de ces petits va jusqu'à douze ou quinze; mais huit ou neuf est le nombre le plus ordinaire.

Il ne convient pas d'employer le verrat avant qu'il ait un an; lorsqu'il a atteint trois ou quatre ans; on le fait châtrer, parce qu'alors il deviendrait dangereux et sa chair de mauvaise qualité. On doit aussi attendre le même âge pour faire couvrir les truies; elles font par an deux portées, dont la durée est de quatre mois environ. On a remarqué que chaque petit se tenait à son mamelon, et que lorsqu'il n'y en avait pas un nombre suffisant, dix ou douze, les petits qui n'en avaient pas dépérissaient et finissaient par crever. Celles qui ont le défaut de manger leurs petits doivent être engraissées et destinées à la boucherie. Ordinairement les truies font moins de petits à leur première portée qu'à celles qui suivent.

Les truies pleines doivent être bien soignées sans cependant recevoir une nourriture aussi forte que pour les cochons à l'engrais. Si l'on tombait dans un excès contraire et qu'on laissât la truie souffrir de la faim, elle pourrait avoir des dispositions à dévorer ses petits. Il est essentiel de tenir note de l'époque de la saillie, pour connaître aussi celle de la mise bas, qui a lieu seize ou dix-huit semaines après, afin de surveiller attentivement les animaux. En enlevant les petits aussitôt leur naissance, de manière à les rassembler auprès de leur mère lorsqu'ils sont tous faits, on évite que quelques-uns soient écrasés ou étouffés pendant le part.

Aussitôt que les petits sont nés on donne à la mère de la farine d'orge ou de fèves dans de l'eau tiède, et on lui fournit, pendant qu'elle allaite, une bonne nourriture, de manière à l'entretenir en lait, et de la litière bien sèche afin, que les jeunes cochons soient sèchement et chaudement.

Lorsque les jeunes cochons ont atteint l'âge d'un mois, on commence à les habituer à se passer de leur mère. On leur donne des aliments de bonne qualité, tels que du lait ou de l'eau et des farines. Ces premiers repas doivent être au moins de quatre ou cinq dans le commencement et petit à petit on finit par amener les jeunes animaux au même régime que les vieux, c'est-à-dire à trois repas par jour.

C'est vers six mois qu'on châtre les jeunes porcs; avant et après cette opération on ne doit pas leur donner trop à manger.

La nourriture au pâturage ne peut être avantageuse dans les fermes bien cultivées, parce qu'elle ne fournit aux animaux que de quoi les entretenir et ne suffirait pas à l'engraissement. Il faut en outre consacrer beaucoup plus d'espace aux cochons, que lorsqu'on les entretient à l'étable.

3. — Les cochons consomment avantageusement pour le fermier tous les débris de cuisine; cependant le lait aigre paraît être ce qui leur convient le mieux, mais

comme il est rare qu'on en ait assez abondamment, on y mêle du trèfle haché et des débris de jardin. Les pommes de terre cuites leur conviennent beaucoup, les engraissent, mais il est bon d'y ajouter un peu de grain égrugé, vers les derniers temps de l'engraissement.

On peut employer, pour cuire les racines destinées aux cochons, le petit appareil que nous avons décrit ci-dessus, et qui est representé *fig.* 15.

Lorsqu'on peut ajouter aux pommes de terre des matières animales, telles que des viandes choisies de chevaux abattus, on obtient des résultats remarquables dans très-peu de temps; notre expérience dans ce cas sera encore pour vous une chance de succès.

En général tous les liquides que l'on donne aux cochons leur sont plus profitables lorsqu'ils sont un peu aigres; c'est pour cela que dans une porcherie bien dirigée l'on doit avoir plusieurs baquets destinés à contenir les aliments à différents degrés d'acidité; ainsi le premier contiendra la nourriture cuite du jour même, le second, celle de la veille, et le troisième, celle de deux jours, et l'on donnera toujours la plus ancienne.

Les cochons mangent beaucoup plus lorsqu'on commence à ne les engraisser que plus tard. Il est donc avantageux de réserver la meilleure nourriture pour les engager à manger lorsqu'ils sont devenus plus gras. Un repos complet, une grande régularité dans les heures des repas sont tout-à-fait indispensables.

Les cochons ne peuvent engraisser promptement et facilement que lorsqu'ils ont acquis tout leur développement, ce qui n'a lieu que vers un an ou un an et demi.

4. — La construction des refuges à porcs exige des soins assez bien entendus. Il est nécessaire qu'ils soient disposés de manière à permettre de séparer les cochons des différents âges, des différents degrés d'engraissement et aussi des sexes différents, lorsqu'ils n'ont pas été châtrés. Des loges bien sèches et pavées solidement en pierres ou en bois entretiennent la santé de ces animaux et permettent de recueillir tout le fumier qu'ils font en grande abondance.

Quoiqu'on soit généralement porté à croire que les cochons s'engraissent au milieu de la fange, où ils vivent avec plaisir, la propreté ne leur est pas moins profitable qu'aux autres animaux; c'est par cette raison qu'on entretient leur santé en les lavant et les faisant souvent baigner.

BÊTES A LAINE.

Les bêtes à laine ne sont pas nombreuses dans nos fermes, dont la plupart sont trop peu étendues, pour qu'il soit possible d'entretenir un troupeau. D'un autre côté les grands avantages qui résultent du commerce du beurre engagent nos agriculteurs à faire consommer de préférence leurs fourrages par les vaches. L'humidité de notre climat paraît aussi peu favorable aux races fines telles que les mérinos.

Les moutons de la race du pays sont petits et leur laine est grossière. Cette race peut convenir pour le commencement d'une entreprise, lorsqu'on n'a pas encore de pâturages abondants. Plus tard, il faudrait changer l'espèce par des croisements faits avec discernement, ou par l'introduction d'autres animaux (1).

Les moutons mérinos ne pourraient être introduits que sur les terrains les plus secs et les plus élevés, encore est-il douteux qu'il y réussissent. Nous pouvons donc regarder l'éducation des moutons comme très-peu suivie dans notre département.

Elle peut être avantageuse dans les exploitations qui possèdent une grande étendue de terrain, dont une partie reste inculte, soit par sa position montueuse ou en raison des obstacles apportés à la culture par les pierres ou roches qui saillissent à la surface du sol. Les moutons trouvent encore leur subsistance sur les terres où les autres animaux ne pourraient vivre On calcule en général qu'une vache consomme autant que dix moutons, mais la plupart du temps, comme nous venons de le dire, les moutons peuvent utiliser des aliments qui ne pourraient pas servir à la nourriture des vaches.

6. — On ne met jamais les jeunes brebis avec les béliers que lorsqu'elles ont atteint l'âge de deux ans; il est essentiel aussi que le mâle ait au moins le même âge.

Comme il est important que les agneaux naissent tous à peu près dans le même temps, on fait saillir les brebis

(1) Il est probable que les moutons anglais à longue laine, qui vivent dans un climat à peu près analogue au nôtre, conviendraient bien pour ces croisements.

dans la même saison, et jusqu'à l'époque de la saillie on tient les béliers séparés des brebis. A l'époque de la monte, les béliers doivent recevoir une nourriture très-substantielle, et l'on ne doit pas leur donner une trop grande quantité de femelles à couvrir, vingt ou trente au plus: sans ces précautions on s'expose à l'abâtardissement de la race.

Les brebis portent environ vingt et une semaines et quelques jours. Pendant ce temps elles doivent recevoir une bonne nourriture, surtout lorsqu'elles approchent de l'époque de la mise bas ; on doit les traiter avec douceur et surtout éviter que les chiens les tracassent.

Pendant l'agnelage, qui s'annonce par le gonflement dn pis, il est bon, comme nous l'avons dit pour les vaches, de laisser agir la nature, ou de ne l'aider qu'avec circonspection. La saison la plus convenable pour la mise bas des brebis est la fin de l'hiver ou le commencement du printemps, parce que les mères trouvent quelque temps après une nourriture abondante et que les jeunes agneaux peuvent manger des herbes tendres aussitôt qu'ils commencent à brouter.

On donne une bonne nourriture à la brebis pour entretenir la quantité de lait et pour assurer la réussite des agneaux. Lorsqu'ils ont atteint cinq mois on les sèvre graduellement et on les habitue à manger, en leur donnant des aliments de bonne qualité, tels que de l'herbe tendre, de bon foin et des breuvages faits avec de la farine. C'est vers l'âge de trois semaines ou un mois qu'on châtre les mâles.

7. — Les dents incisives indiquent l'âge des bêtes à laine ; elles en ont huit à la mâchoire inférieure, il n'y en a pas à la supérieure. Les dents de lait sont remplacées à peu près dans l'ordre suivant : d'un an à un an et demi, les dents du milieu ou pinces ; de deux à deux ans et demi, les premières mitoyennes ; de trois à trois ans et demi les secondes mitoyennes, et enfin les *coins* l'année suivante.

On dit alors que la bête a la bouche faite. Les dents s'usent ensuite graduellement, comme dans les bêtes à cornes ; lorsqu'elles commencent à s'écarter et à tomber, il est prudent d'engraisser les bêtes ou de les vendre.

8. — Les moutons sont nourris en été au moyen des prairies naturelles ou pâturages, ou bien à l'aide des prairies artificielles.

La première méthode ne peut convenir que lorsque, comme nous l'avons dit, la nature du terrain n'est pas propre à la culture. Les prairies artificielles assurent mieux la nourriture, surtout lorsqu'elles forment la base d'un bon ensemble de culture.

Lorsque l'on veut faire consommer les récoltes sur place, on peut, pour éviter que les bêtes ne gâtent une grande quantité de fourrage ou n'en mangent de manière à se faire mal, les renfermer au moyen de claies, qui leur permettent de passer la tête pour brouter autour de l'enceinte ; on avance graduellement ces claies, et l'on peut ainsi régler la nourriture comme on le désire. Il est aussi avantageux de faire consommer le fourrage vert à l'étable pendant l'été. Cette méthode pourrait être convenable dans notre pays, où le parcage n'est guère praticable.

La nourriture d'hiver se compose ordinairement de paille et de foin. Un kilogramme de foin par jour, et de la paille à discrétion, suffisent à l'entretien d'une bête à laine. Cette nourriture est encore beaucoup plus profitable, si l'on peut y ajouter un kilogramme de racines; et pour les moutons qu'on engraisse, du grain ou de la farine. Lorsque les moutons mangent du fourrage sec, ils ont besoin de boire souvent.

Le foin des prairies artificielles est presque toujours préférable pour les bêtes à laine à celui des prairies naturelles, sur-tout lorsqu'il a été récolté et séché avec soin.

Lorsque les bêtes à laine n'ont pas d'appétit, ou que leurs fourrages ne sont pas de bonne qualité, on peut ajouter une petite quantité de sel à leurs aliments, et aussi des substances aromatiques ou toniques, telles que de la poudre de gentiane, de l'origan, de l'absinthe, etc.

9. — Il faut des bergeries saines, bien aérées, qui soient garnies d'auges et de râteliers disposés pour garantir la laine de la malpropreté. Pour atteindre ce but, on place ces râteliers verticalement ou un peu inclinés dans un sens opposé à ceux des vaches et des chevaux. Au moyen de cette disposition, la poussière et les petits brins de fourrage ne tombent point sur la laine.

Les bêtes à laine, plus que tous les animaux, aiment

un air souvent renouvelé et frais. Elles ne redoutent pas beaucoup le froid, car elles sont très-bien abritées par leur laine. Il est aussi à désirer qu'il y ait plusieurs compartiments dans la bergerie, de manière à séparer les mâles des femelles, les agneaux de la mère, lorsqu'on veut les sévrer, et séparer les bêtes à l'engrais du reste du troupeau.

Le parcage, qui est en usage dans beaucoup de parties de la France, surtout dans celles qui reposent sur un sous-sol sec et perméable, est complètement inconnu dans notre département. Il consiste à tenir les bêtes à laine, au moyen de claies, pendant un temps plus ou moins long, sur le terrain qu'on veut engraisser.

Cette méthode n'aurait probablement pas de succès, en raison de l'humidité de notre sol; et comme elle présenterait des inconvénients graves et quelques difficultés, nous vous conseillons de ne pas l'adopter ou du moins de l'essayer avant en petit.

10. — Lorsqu'on veut engraisser des moutons, il est avantageux de pousser l'engraissement avec rapidité, car sans cela les bêtes que l'on conserverait long-temps ne paieraient pas suffisamment leur nourriture.

Quand on engraisse au pâturage, on doit suivre l'ordre que nous avons indiqué pour les bêtes à cornes, c'est-à-dire tenir les moutons les plus gras sur les pâturages les plus abondants, et ceux que l'on commence à engraisser, sur les prairies qui ont été déjà parcourues par les bêtes grasses.

Lorsque les pâturages ne peuvent pas suffire assez

abondamment à la nourriture des bêtes d'engrais, on donne un supplément à la bergerie, en foin, en racines ou en grain. L'engraissement des moutons peut être avantageux dans les exploitations où l'on a une grande quantité de racines pour l'hiver et beaucoup de fourrage vert pour l'été.

La paille de sarrazin est très-nuisible à la santé des moutons; elle leur cause une maladie qui se manifeste par l'enflure des oreilles : il faut donc éviter de leur donner cette paille comme fourrage.

La tonte des moutons se fait ordinairement en juin; il importe beaucoup qu'elle soit exécutée avec soin, la laine sur-tout doit être coupée bien près. Sans cette précaution, on en perd beaucoup.

11. — Les moutons sont comme les bêtes à cornes exposés à la météorisation. On emploie les mêmes remèdes, c'est-à-dire l'ammoniaque liquide ou l'éther sulfurique, à la dose de vingt ou vingt-cinq gouttes dans un verre d'eau froide. Lorsqu'on est à portée d'une rivière ou d'une mare, on réussit souvent à faire disparaître la météorisation en faisant sauter les bêtes à l'eau.

Les bêtes à laine sont encore exposées à une autre maladie, c'est la cachexie aqueuse, ou pourriture; cette maladie les attaque lorsqu'elles ont été conduites dans les prairies marécageuses, ou même dans les prairies plus sèches, pendant les saisons humides. Pour prévenir cette maladie, il faut éviter de conduire les moutons au pâturage par l'humidité, leur donner un peu de fourrage sec à la bergerie, et quelques pincées de la poudre aromatique dont nous avons déjà parlé.

DOUZIÈME LEÇON.

CHEVAUX.

1. — Nous élevons peu de chevaux dans notre département; presque tous ceux que nous employons au labourage viennent de la Basse-Bretagne. Leurs formes sont, en général, peu élégantes; mais ils sont robustes, et travaillent bien.

On s'est peu occupé de l'amélioration de la race des chevaux bretons, qu'il importerait pourtant de perfectionner. L'amélioration des chevaux par les croisements de race est beaucoup plus difficile que celle des autres animaux; les grandes différences dans les formes des étalons et des juments donnent presque toujours des produits mal conformés, et peu suivis dans leur ensemble : nous ne conseillerons donc, pour perfectionner notre race, qui est bonne, que de choisir les plus beaux individus. On pourrait croiser avec les étalons percherons, qui ressemblent beaucoup aux chevaux bretons, mais qui sont un peu plus lestes, et d'une taille plus forte.

Presque toujours les poulains qui proviennent de juments bretonnes de trait, et de chevaux fins envoyés chaque année comme étalons, sont d'une mauvaise construction, parce que, comme nous l'avons dit, il existe une trop grande différence de formes entre le père et la mère. Ainsi, de simples cultivateurs comme nous doivent laisser à l'administration des haras et aux riches propriétaires le soin de perfectionner les belles espèces de chevaux fins, et de tenter les croisements; expériences véritablement utiles, mais qui ne peuvent cadrer avec nos ressources, et que le cercle restreint de nos relations ne nous permet pas d'exécuter convenablement.

Les chevaux de trait doivent donc être l'objet de toute notre attention; et certainement cette espèce de chevaux rend au moins autant de services que les autres.

2. — Le cheval de labour doit être épais, court et ramassé, la poitrine et la croupe larges, les épaules fortes, avoir le corps arrondi et musculeux, l'air gai, la corne solide, le pied d'aplomb, et le pas assuré.

Les juments peuvent être conduites à l'étalon à l'âge de trois ans; cependant, lorsqu'on veut les faire travailler continuellement, il est bon d'attendre plus tard. On doit les faire saillir lorsqu'elles sont bien en chaleur; l'époque la plus favorable est la fin de l'hiver, parce que les juments portant environ un an, se trouvent à l'époque la plus avancée de leur gestation lorsque les travaux de campagne sont peu nombreux. On peut les employer à ces travaux jusqu'au dixième mois. Les aliments très-nutritifs, et qui occupent peu de place dans l'estomac, tels que les farines et les grains, leur conviennent beaucoup. On reconnaît que l'époque du part approche au gonflement des mamelles, et aux enfoncements qui se font aux deux côtés de la queue, comme on le remarque aussi chez les vaches à la même époque. Comme nous l'avons dit en parlant de ces derniers animaux et des brebis, et comme nous ne cesserons de le répéter, il faut, pendant le *part*, ou *poulinage*, ne pas troubler mal à propos les efforts de la nature en cherchant à tirer sur le poulain. De même que pour les veaux, lorsque le cordon ne se rompt pas de lui-même, on le lie à cinq à six centimètres du poulain, et on le coupe un peu plus haut.

On donne à la jument de l'eau tiède blanchie avec de la farine d'orge ou des recoupes. Pendant l'allaitement, elle doit être nourrie avec des fourrages de très-bonne qualité et du grain égrugé. Au bout de trois semaines, on peut la remettre au travail, en ayant bien soin qu'elle ne s'échauffe pas, parce que son lait serait de mauvaise qualité.

On sèvre les poulains à trois mois environ, et on les habitue petit à petit à manger de bon foin et de l'eau blanchie avec de la farine d'orge.

Lorsque le poulain ne doit pas être élevé dans les prairies, il est indispensable pour développer ses membres de le faire sortir tous les jours dans les cours de la ferme, ou mieux encore dans un petit enclos. Il est bon aussi, afin de le rendre plus facile à dresser au travail, de l'apprivoiser autant que possible et de lui frapper doucement sous les pieds. On doit aussi étriller et brosser avec soin les jeunes chevaux et les tenir dans une écurie bien sèche et surtout bien aérée, car les gaz qui sortent des fumiers accumulés dans les écuries, exercent une influence funeste sur leurs yeux et sur leur santé en général.

Vers dix-huit mois ou deux ans, on peut remplacer

une partie du foin par un peu d'avoine concassée. On a remarqué que les jeunes chevaux qui mangeaient des aliments très-durs et très-fibreux à l'époque de la dentition, étaient exposés à devenir borgnes ou aveugles.

3. — Le cheval a douze dents incisives, six à la mâchoire supérieure et six à la mâchoire inférieure. C'est au changement de ces dents qu'on reconnaît son âge. Les deux dents de devant ou pinces tombent, et sont remplacées à la troisième année ; à la quatrième, les dents les plus voisines ou mitoyennes ; enfin, à la cinquième, les coins. Toutes les dents présentent une cavité noire, que les maquignons cherchent quelquefois à refaire lorsque le cheval vieillit. Cette fraude est très-facile à découvrir, car ils ne peuvent donner aux dents la forme qu'elles avaient dans leur jeunesse, ni rétablir le petit bord blanc formé par l'émail interne. (*Fig.* 19).

Ces trois paires de dents perdent leurs cavités dans le même ordre où elles sont venues. Lorsque le cheval vieillit, les dents paraissent plus longues; elles s'arrondissent, et les deux mâchoires se réunissent sous un angle plus aigu. (*Fig.* 20).

La durée des chevaux est de quinze ans, quelques-uns vivent vingt et vingt-cinq ans.

Les écuries doivent être sèches, bien aérées, spacieuses, et ces animaux exigent encore plus que tous les autres des soins de propreté sans lesquels ils sont souvent exposés à un grand nombre de maladies.

4. — La nourriture ordinaire des chevaux consiste en foin et avoine. Un cheval de taille ordinaire s'en-

tretient fort bien avec une ration de huit litres d'avoine,
dix kilogrammes de foin et cinq kilogrammes de paille.
On peut, s'il travaille beaucoup, diminuer la ration de
foin d'un quart et augmenter celle d'avoine de deux litres. En général, l'avoine est la meilleure nourriture
pour les chevaux qui fatiguent, parce qu'elle contient
une grande quantité de matières nutritives sous un petit
volume. Elle doit être soigneusement criblée pour la débarrasser de la poussière et des pierres.

L'avoine passe souvent dans l'estomac des chevaux sans
être digérée ; aussi voyez-vous souvent des grains d'a-
voine dans le crottin de cheval, surtout des vieux, qui
ne mâchent pas aussi bien que les jeunes. On peut éviter
cette perte en broyant grossièrement l'avoine avec les
meules que nous employons pour moudre le blé-noir.

Lorsqu'on donne aux chevaux d'autres grains qui
contiennent plus de parties nutritives que l'avoine, tels
que le seigle et l'orge concassés, on doit y mêler de la
paille hachée très-menue pour remplacer dans l'estomac
la coque de l'avoine, c'est-à-dire pour diviser une nourriture trop glutineuse.

Lorsqu'on donne du seigle, on diminue la ration de
moitié. La farine de pois, de fèves, de vesces, peut être
donnée aux chevaux en quantité moitié moindre que l'a-
voine ; il faut aussi la diviser au moyen de paille hachée.

Tous les grains que l'on donne aux chevaux, et surtout l'avoine, ne doivent pas être échauffés. Souvent
les avoines avariées occasionent des maladies qui sont
mortelles.

Le foin récolté dans les prairies fertiles et bien engraissées est plus profitable que celui qui a été récolté dans des prairies maigres et arides; celui des prairies trop humides, et qui est composé, en partie, de plantes aquatiques, est tout-à-fait nuisible.

Le foin des prairies artificielles, tel que les trèfles, luzernes, sainfoin et vesces, qui ont été fanés avec soin, est plus nutritif que celui des prairies naturelles; c'est pourquoi, lorsqu'on nourrit les chevaux avec ces fourrages, il est bon de diminuer un peu la ration de grain, parce qu'on les exposerait aux indigestions. Le vieux foin convient mieux que celui qui est trop nouveau.

5. — La nourriture d'été, au vert coupé et donné à l'écurie, est très-économique, et les chevaux s'y entretiennent en parfaite santé. On y emploie avec succès les trèfles, la luzerne, les vesces, etc.

On peut retrancher l'avoine, ou en diminuer beaucoup la quantité, lorsqu'on nourrit au vert. Il faut prendre beaucoup de précautions pour passer les chevaux de la nourriture d'hiver à la nourriture verte; on ne doit agir que graduellement. La méthode que nous employons nous a parfaitement réussi depuis huit ans, et quoique nous donnions le trèfle à discrétion à nos chevaux, aucun accident n'est encore survenu à ces animaux, qui, sans avoine, se sont toujours mieux portés qu'avec la nourriture d'hiver; et cependant leurs travaux sont plus pénibles dans cette saison. Huit ou dix jours avant de mettre les chevaux au trèfle, ce que nous ne faisons que lorsque les tiges de cette plante commencent à être un peu dures, c'est-à-dire lorsqu'elle montre

les premières fleurs, nous donnons du seigle fauché en
vert, que nous mélangeons, dans les premiers jours, avec
du foin sec.

Cette nourriture, beaucoup moins substantielle que le
trèfle, relâche un peu les chevaux, prépare leur estomac à la nourriture verte et les empêche de se jeter avec
trop d'avidité sur les autres fourrages, qui leur donneraient bien plus facilement des indigestions que le seigle
vert.

Les chevaux dont ont veut tirer un travail constant
et fort, ne peuvent pas être nourris au pâturage seulement; il leur faut nécessairement une ration d'avoine.
Les carottes peuvent cependant remplacer l'avoine, ou
du moins en remplacer une partie; les chevaux qui en
mangent s'entretiennent en bonne santé et conservent
leur vigueur.

Les chevaux poussifs ne doivent manger que très-peu
de foin sec; il faut les nourrir au vert en été, et en hiver avec des carottes ou des pommes de terre et de la
paille. On ajoute à ces aliments huit litres d'avoine concassée lorsque les chevaux doivent travailler.

On donne la nourriture aux chevaux à plusieurs fois,
et surtout avec régularité. Il faut veiller à ce qu'ils ne
soient abreuvés ou passés à l'eau que lorsqu'ils n'ont plus
chaud.

Le pansement de la main est une des parties les plus
essentielles à l'entretien de ces animaux : on doit donc
exiger qu'ils soient étrillés et brossés tous les jours.

Un cheval bien nourri peut travailler huit à dix heures par jour. Les attelages sont tellement coûteux, qu'un bon cultivateur ne doit jamais les laisser dans l'inaction. L'entretien des chemins et le transport des terres et engrais peuvent les utiliser très-avantageusement pendant la mauvaise saison. La prudence prescrit aussi de ne confier la conduite des chevaux qu'à un homme soigneux et bien éprouvé.

QUATRIÈME PARTIE.

ASSOLEMENTS ET ÉCONOMIE.

TREIZIÈME LEÇON.

ASSOLEMENTS.

1. — Nous sommes arrivés à cette branche de l'agriculture qui embrasse presque toutes les autres, ou du moins qui a la plus grande influence sur le succès de toute exploitation agricole.

L'assolement est, comme l'a dit M. Thouin, « l'art de » faire alterner les cultures sur le même sol, pour en ti- » rer constamment le plus grand produit aux moindres » frais possibles. »

THÉORIE DES ASSOLEMENTS.

2. — 1° Toutes les plantes qu'on laisse mûrir sur le sol sont épuisantes, parce que leurs feuilles, à l'époque de la formation des graines, commençant à se dessécher, n'absorbent plus dans l'atmosphère une partie de leur nourriture : les racines doivent seules pourvoir à la formation de ces graines. D'un autre côté, ces plantes permettant aux mauvaises herbes de grainer et de se resemer, sont dites salissantes.

2° Les fourrages dont les feuilles en pleine végétation puisent dans l'atmosphère une grande partie des sucs propres à leur nutrition, sont regardés comme peu épuisants, et même comme améliorant le sol par leurs débris : telles sont les feuilles tombées à la surface du sol et leurs racines nombreuses qui s'y décomposent. Ces plantes ne permettent pas aux mauvaises herbes d'acquérir tout leur développement, parce qu'elles les étouffent, et si par hasard elles se développent, elles sont détruites par la faux.

3° Les racines et autres plantes sarclées qui exigent des engrais en abondance, améliorent le sol, parce que tout le fumier appliqué à leur culture n'a pas été consommé par elles, et qu'ensuite les binages et sarclages répétés détruisent les mauvaises herbes dont les graines sont contenues dans le sol, ou qui y ont été apportées par des causes accidentelles.

4. — De savants agriculteurs ont aussi dû reconnaître que les plantes laissent dans le sol des excrétions qui ne conviennent pas aux plantes de même espèce et quelquefois de même famille. Ces matières, rejetées par les racines des plantes, comme les excréments par les animaux, conviennent quelquefois à la végétation des individus d'une autre famille : ainsi le froment réussit bien après le

trèfle, et après un froment un autre froment ne donne pas une bonne récolte. Il est donc assez évident, d'après cela, que les excrétions laissées dans le sol par le froment sont nuisibles à une autre céréale; tandis qu'elles ne nuisent pas à la végétation du trèfle, et même peuvent servir à sa nutrition. Cette théorie nous explique clairement un phénomène dont nos agriculteurs parlent, sans se douter des causes qui le déterminent : c'est la lassitude du sol. La terre peut être fatiguée ou épuisée.

La terre est épuisée, lorsque plusieurs récoltes d'espèces différentes ont absorbé presque toutes les matières nutritives qui s'y trouvaient.

Elle est lasse ou fatiguée, lorsque plusieurs plantes de même espèce ou de même famille ont laissé dans le sol des excrétions qui ne peuvent plus convenir qu'à d'autres récoltes.

D'après ce qu'on vient de dire, pour établir un assolement qui maintienne le sol dans un état de fertilité et de propreté convenables, tout en en tirant un bon produit, il faut faire suivre et précéder les récoltes épuisantes et salissantes par des récoltes améliorantes et nettoyantes, et aussi éviter autant que possible de cultiver successivement des plantes de même famille ou de même espèce. Quelques plantes font exception à cette dernière règle, et d'autres, au contraire, ne peuvent revenir sur le même terrain qu'après un temps assez long

Ces données nous ameneront tout naturellement à commencer notre assolement par les récoltes qui doivent nettoyer le sol, l'ameublir, et qui exigeant une grande quantité d'engrais, le préparent à la culture des plantes

plus épuisantes. Nous cultiverons donc des plantes sarclées, après celles-ci des céréales, ensuite des fourrages
suivis eux-mêmes d'une céréale. Par ce moyen nous ferons alterner nos récoltes de différentes espèces sur le
même sol : c'est ce qui constitue l'assolement alterne.

Ces assolements peuvent varier à l'infini; mais les cultures doivent être en rapport avec le climat, le sol, les
besoins du cultivateur et le commerce du pays. Il serait
en effet dangereux et même ridicule de semer une plante
qui ne peut réussir sur le sol que l'on cultive, ou dans
le climat que l'on habite, ou enfin que l'on ne pourrait
pas vendre.

L'assolement doit être établi de manière à ce que le
cultivateur puisse suivre une marche régulière dans la
succession de ses récoltes. Cependant il faut qu'au besoin il puisse substituer une plante à une autre, sans
nuire à l'ordre adopté par son assolement.

Le petit tableau ci-joint pourra nous donner une idée
bien claire d'une rotation.

3. — ASSOLEMENT DE 4 ANS.

DIVISION OU SOLE.	1840.	1841.	1842.	1843.
N. 1.	Plantes sar-clées fumées.	Céréales.	Trèfle.	Céréales.
N. 2.	Céréales.	Trèfle.	Céréales,	Plantes sarclées.
N. 3.	Trèfle.	Céréales.	Plantes sarclées.	Céréales,
N. 4.	Céréales.	Plantes sarclées.	Céréales.	Trèfle.

Ainsi la pièce ou sole, ou division n. 1ᵉʳ, produira successivement des plantes sarclées fumées, une céréale, du trèfle et une deuxième céréale.

Les autres soles ou divisions suivront la même marche.

Il est avantageux, comme nous l'avons indiqué, d'appliquer tout le fumier aux plantes sarclées. Cependant, dans le commencement d'une exploitation, il est prudent aussi de le distribuer sur les autres récoltes, de manière à assurer leurs produits. En marchant ainsi avec prudence, on n'a pas autant à craindre les mauvaises récoltes, qui sont si désastreuses dans les premières années d'une entreprise.

Vous avez vu des agriculteurs qui voulant changer leur culture dans une année, appliquaient tous leurs engrais aux plantes sarclées et faisaient les autres récoltes sans fumer. Cette méthode serait bonne sur un sol riche; mais comme la plupart du temps les cultivateurs dont nous parlons travaillent sur un sol épuisé, leurs récoltes les plus importantes manquent, et tout le système est renversé par leur imprudence. Il faut donc, pour suivre bien rigoureusement les principes que nous venons de donner, préparer le sol graduellement à un système de culture plus perfectionné et plus productif, et ne tenter les semailles de froment sans engrais que sur un sol amendé et préparé par une bonne culture.

Lorsqu'on peut se procurer des engrais à prix d'argent, l'assolement est plus facile à établir; mais ce circonstances se rencontrent rarement.

4. — Il est difficile de trouver, dans la culture habi-

tuelle du département, quelque chose qui ressemble à un assolement raisonné, car on n'y admet aucune règle : on cultive souvent un champ d'une ferme deux ou trois années de suite en céréales, parce que ce champ a produit une belle récolte de froment. Cependant l'ordre suivant est ce qu'il y a de plus généralement adopté :

Première année, sarrasin ;

Deuxième année, froment d'hiver ;

Troisième année, avoine ou orge.

Le trèfle n'entre point régulièrement dans cette succession de récoltes.

Cet assolement triennal est vicieux. On voit, en effet, que si l'on recommence de trois ans en trois ans la culture du blé-noir, suivie de celle du froment et puis d'orge ou d'avoine, l'une de ces deux dernières plantes succédant immédiatement au froment, permet aux mauvaises herbes de se reproduire. Quelquefois même le mal va plus loin ; car certains cultivateurs font un froment après l'avoine, qui a été elle-même précédée d'un froment. Cette suite de culture se soutient encore auprès des villes, où les engrais sont abondants ; mais, dans les campagnes, on est forcé d'abandonner à un repos complet la terre qui a été ainsi épuisée par les récoltes de céréales.

L'assolement quadriennal est la base des bons assolements alternes, c'est-à-dire de ceux dont les récoltes sont convenablement variées ; par exemple, en mettant, comme nous l'avons dit,

Première année , plantes sarclées ;

Deuxième année , céréales de printemps et trèfle ;

Troisième année , trèfle ;

Quatrième année , froment d'hiver ,

On aura un bon assolement ,

1° Parce que les céréales ne se suivent jamais immédiatement ;

2° Parce que les labours donnés aux plantes sarclées (1re année) détruisent les mauvaises herbes et ameublissent le sol ; et que si les céréales de printemps (2e année) permettent à ces herbes de se reproduire , le trèfle (3e année) vient empêcher leur développement.

Lorsqu'on divise une exploitation en un grand nombre de parties ou soles , on a moins de terre à fumer chaque année. Par exemple , dans un assolement de six ans , en fumant bien les plante sarclées (20 charretées ou 40,000 kilogrammes environ par hectare) , et ensuite en mettant une demi-fumure à la cinquième année , on assurera toutes les récoltes. Outre cela , lorsque l'assolement est long , on n'est pas forcé de faire une grande étendue de terre en même espèce de culture , et l'on a plus de facilité pour consacrer deux divisions aux récoltes qu'on regarde comme les plus avantageuses.

Notre assolement de six années , que vous avez étudié théoriquement , et dont vous avez vu les résultats pratiques , peut être modifié avec une grande facilité , tou jours en conservant l'ordre de la rotation ; chose essentielle à l'amélioration de toutes les parties de la culture.

Première année.

5. — Betteraves, pommes de terre, sarrasin ou toute autre plante peu épuisante et nettoyante, telle qu'un fourrage ou même une jachère (1), si l'on se trouvait dans l'impossibilité de consacrer une division entière à l'une de ces cultures.

Deuxième année.

Orge, avoine ou froment de printemps, ou même froment d'hiver avec graine de trèfle.

Troisième année.

Trèfle, vesces ou tout autre fourrage.

Quatrième année.

Froment ou seigle.

Cinquième année.

Vesces, trèfle incarnat, sarrasin, ou si l'on aime mieux racines.

Sixième année.

Froment d'hiver ou colza.

---

(1) On nomme terre en jachère celle qui est labourée deux ou trois fois pendant l'année, sans rien produire. Ainsi, un froment fait sur jachère est celui qu'on sème sur un sol préparé par plusieurs labours faits dans l'année qui précède.

La terre qui reste sans être labourée est dite en friche ou en repos.

Les assolements avec pâturage pourraient remplacer avantageusement la culture avec repos ou friche, suivie dans presque toutes nos fermes. Ils conviendraient surtout dans les exploitations très-étendues et suffisamment pourvues de bétail. Si donc nous divisons notre terre en 6, 7, 8 ou même 10 parties, nous commencerons comme pour un assolement de 4 ans, et après le froment ou seigle de la 4ᵉ année, nous sèmerons du ray-grass ou du trèfle que nous laisserons durer 2, 3, 4, 5 ou 6 ans. Il en résultera deux avantages : l'étendue de la terre à fumer sera diminuée et le pâturage sera plus abondant que dans les champs épuisés d'après la pratique ordinaire.

EXEMPLES D'ASSOLEMENTS ALTERNES.

De 4 ans.

1ʳᵉ ANNÉE. — Pommes de terre ou betteraves fumées. — 2ᵉ ANNÉE. — Orge ou avoine et trèfle. — 3ᵉ ANNÉE. — Trèfle. — 4ᵉ ANNÉE. — Froment ou seigle.

De 5 ans.

Les 4 premières années comme {dans l'assolement de 4 ans ; 5ᵉ année fourrage avec demi-fumure.

De 6 ans.

Les 5 premières années comme dans l'assolement de 5 ans ; 6ᵉ année céréales.

De 7 ans.

Les 6 premières années comme dans l'assolement précédent ; 7ᵉ année fourrages ou récolte sarclée.

Dans les assolements alternes dont nous avons parlé, 1° les récoltes épuisantes et améliorantes ont été alternées de manière à entretenir le sol en bon état ;

2° Les plantes sarclées sont assez souvent revenues pour nettoyer le sol des mauvaises herbes ;

3° Le fumier a été appliqué sur les récoltes sarclées ou sur les fourrages, parce que les sarclages et les binages des plantes sarclées et l'action étouffante des fourrages, détruisent les mauvaises herbes dont les graines se trouvent dans les fumiers ou dont ils favorisent les développements.

4° Enfin, les plantes de même espèce, ou de même famille, n'ont pas été cultivées sans intervalle sur le même sol pendant plusieurs années.

Ces principes, que nous avons déjà énumérés, doivent servir de base à tout bon système de culture.

QUATORZIÈME LEÇON.

ÉCONOMIE.

1. — Toute richesse vient du travail, et le travail est aussi la source de tout bien-être ; sans travail point de succès : c'est la loi de la nature.

Le cultivateur plus que tout autre doit le reconnaître, et faire son principal devoir de l'appliquer en toutes circonstances. Il ne suffit pas qu'il prodigue son travail personnel ; il faut qu'il sache utiliser celui des autres et employer avec intelligence la force des animaux, et tous les agents dont il peut disposer : encore tous ses soins ne réussiront-ils pas, s'il ne possède un capital proportionné à son exploitation.

2. — On entend par capital tout ce que possède le cultivateur, argent, bestiaux, engrais, instruments, etc. Son travail personnel et celui de sa famille forment auss un capital qui, bien employé avec persévérance, procure peu à peu des ressources plus étendues et finit pa créer des capitaux ordinaires.

3. — Le capital d'une ferme se divise suivant son emploi, en *capital du fonds*, qui représente la valeur de l terre ; *capital de cheptel* ou mobilier entier, tel que in struments, animaux, ustensiles, etc., et *capital en circulation*, ou partie du capital réservé pour les dépenses courantes et le commerce.

Cette partie du capital peut courir des risques, mais aussi elle produit souvent des intérêts très-élevés. En général, en réservant une bonne partie de son capital pour cet usage, on a plus de chances de succès que lorsque l'on consacre trop au *cheptel*, surtout à l'achat des instruments, qui diminuent toujours de valeur. Il faut donc se borner à ceux dont on ne peut raisonnablement se passer et qui sont d'un usage éprouvé. Pour arriver à une connaissance exacte de l'emploi des capitaux, ainsi que du travail qui, comme nous l'avons dit, est une portion du capital, il est indispensable d'établir une comptabilité régulière, c'est-à-dire des *livres* au moyen desquels on tient compte de tout ce que l'on reçoit, de tout ce que l'ont dépense, et même de tout ce que l'on fait.

4. — Vous avez vu, dans nos leçons sur la comptabilité, combien celle qu'on nomme en *partie double* s'applique avec succès aux entreprises agricoles.

L'exposé complet de cette méthode serait trop long et trop compliqué pour faire partie de ces entretiens élémentaires sur l'agriculture, et exigerait un traité spécial. Cependant, afin de vous donner l'idée de son mécanisme, nous allons dresser quelques comptes très-simples, de manière à ce que vous puissiez les embrasser d'un coup-d'œil.

Pour cette comptabilité nous n'emploierons qu'un seul

registre que nous nommerons *grand-livre* (*voy. le tableau n° 1*ᵉʳ); ce livre sera divisé en plusieurs comptes particuliers : par exemple, il y aura un compte pour le froment, c'est-à-dire deux pages en regard destinées à cet article. On y inscrira sur celle à gauche tout ce qui a été donné au froment, tel que les engrais, les labours, le battage, etc. On écrira ensuite sur la page à droite tout ce qui aura été fourni par le froment, tel que le grain, la paille, etc. Il y aura un compte semblable pour les vaches, les chevaux, le ménage, et enfin pour toutes opérations dont on voudra connaître le résultat exact.

Tous les articles seront pris à la fin du mois sur des tableaux disposés de manière à n'exiger de la part du cultivateur que quelques chiffres, placés chaque soir dans les colonnes de ces tableaux (*voy. les tableaux n. 2, 3, 4, 5, 6 et 7*) (1). Au moyen de ces tableaux on n'écrira que douze fois par an sur le registre que nous avons appelé *grand-livre.*

Les articles qui ne se présentent que rarement seront inscrits en forme de notes sur un cahier ou *main-courante*, où ils seront groupés encore à la fin de chaque mois, de manière à n'inscrire qu'un article sur chaque compte. Il en sera de même pour le mouvement des fonds: c'est-à-dire qu'on aura un cahier sur lequel on inscrira jour par jour les recettes et les dépenses, et à la fin du mois on rassemblera les articles de même espèce pour les reporter au grand-livre. En inscrivant avec exac-

---

(1) Ces tableaux peuvent varier de formes et être augmentés, suivant les cultures et le genre de spéculation que l'on entreprend.

titude, sur ce compte, toutes les recettes sur la page à gauche, et toutes les dépenses sur celle à droite, il sera facile de reconnaître l'emploi des fonds. L'on pourra aussi voir, à la fin de chaque mois, en faisant l'addition des deux pages et retranchant la dépense de la recette, si tout aura bien été inscrit. Dans ce cas, la différence des deux additions sera exactement égale à l'argent restant en caisse. Ces tableaux et les cahiers de notes nous donneront au besoin tous les détails que nous pourrons désirer.

La première opération à faire lorsqu'on veut tenir des livres exactement, doit être l'inventaire général, c'est-à-dire l'estimation de tous les objets que l'on possède. On porte ensuite sur chaque compte, à la page à gauche du grand-livre, la valeur réelle des objets qui doivent figurer dans ce compte; ainsi pour les vaches, les instruments, les fourrages, etc., ce qu'ils valent à l'époque de l'inventaire.

A la fin de l'année, quand on aura porté exactement au compte de chaque objet, d'une part, à gauche, les dépenses faites pour chacun de ces objets, et de l'autre, à droite, les recettes provenant des produits, l'on fera séparément l'addition de toutes les pages du grand-livre; et après avoir fait un nouvel inventaire, on ajoutera sur chaque compte, à droite, la valeur des objets existants encore dans la ferme. Ainsi l'on pourra s'assurer, au moyen d'une soustraction, combien chaque culture ou chaque spéculation aura donné de bénéfices ou de pertes. Si les deux sommes sont égales, il n'y aura ni bénéfices ni pertes; si la somme de droite est plus forte, il y aura bénéfice de la différence ; si c'est celle de gauche qui est la plus forte, il y aura perte.

On fera de même pour chaque compte.

Enfin, toutes les pertes seront inscrites sur la page gauche d'un compte intitulé *pertes et bénéfices*, et tous les bénéfices sur la page à droite. Ce compte, additionné comme les précédents, donnera une différence qui devra être égale à celle existant entre le premier et le deuxième inventaire.

D'après ce que l'on vient de voir, le compte que nous nommons inventaire ou capital, est le point d'où partent tous les articles et où ils viennent se réunir à la fin de l'année. La somme du premier inventaire est portée à droite de ce compte, et de là distribuée sur tous les comptes à la page à gauche ; et comme nous l'avons dit, le deuxième inventaire de fin d'année sera inscrit sur la page à gauche du compte d'inventaire, après l'avoir été en détail sur celle à droite de chaque compte.

L'augmentation ou la diminution de ce capital ou inventaire sera nécessairement la somme des bénéfices ou des pertes faites pendant l'année.

Dans la comptabilité en partie double, tous les articles se trouvent inscrits sur deux comptes. Ainsi, pour s'assurer s'ils ont été reportés d'un compte sur l'autre, il ne s'agira que de faire l'addition de toutes les pages à gauche du grand-livre, d'une part ; d'en faire autant des pages à droite, et de comparer ces deux additions, qui devront être exactement semblables.

Cette comptabilité est fondée sur ce principe, que *nul ne reçoit que ce qu'un autre donne*. Ainsi le compte de fourrage en magasin reçoit le foin des prairies pour sa valeur, et il le revend aux chevaux, qui vendent leur travail aux différentes cultures; de même les vaches reçoivent du fourrage qui vient du compte de fourrage en magasin, et elles fournissent du lait dont l'argent est reçu par le compte de recettes et dépenses ou de caisse. Tous les comptes sont donc comme des commerçants qui achètent les uns des autres, ou qui se fournissent tous les objets dont ils ont besoin.

5. — Dans les comptes du grand-livre, les lettres font voir la correspondance des articles (*Tableau n° 1*). L'article A a été donné par le compte d'inventaire et reçu par celui de caisse. Si au lieu d'un capital en argent nous eussions possédé des vaches, des chevaux, des instruments et de l'argent, tous ces articles réunis sur la page à droite du compte d'inventaire auraient été inscrits sur la page à gauche des comptes de vaches, de chevaux, d'instruments et de recettes et dépenses.

B. Un veau donné par les vaches et reçu en argent par la caisse.

C. Foin produit par les prairies et reçu également en argent par la caisse.

D. Argent donné par la caisse pour acheter deux vaches inscrites sur ce dernier compte.

E. Argent fourni par la caisse pour acheter du fumier appliqué au froment.

GRAND-LIVRE.

F° 1. COMPTE D'INVENTAIRE OU DE CAPITAL. F° 1.

DATES.	2ᵉ inventaire, ou inventaire de fin d'année.		DATES.	1ᵉʳ inventaire au commencement de l'année.	
	P Argent restant en caisse............	1,588		A Argent.............	1,500
	Q Valeur des vaches....	100		Z Bénéfice net........	188
		1,688			1,688

L'inventaire de fin d'année était plus considérable que le premier. La différence est le bénéfice net; c'est aussi la différence qui existe entre les pertes et les bénéfices.

F° 2. COMPTE DE RECETTES ET DÉPENSES OU DE CAISSE. F° 2.

DATES.	RECETTES.		DATES.	DÉPENSES.	
	A Capital en argent....	1,500		D Deux vaches achetées à la foire de Rennes.	150
	B Un veau vendu......	10		E Fumier pour le froment.	32
	C 1000 kilogr. de foin..	40		F Engrais pour les prairies.	20
	J 25 hectos de froment.	500		G Payé pour les labours et semences de froment.	200
	L Lait du mois vendu..	50		H Frais de moisson du froment.	100
		2,100		K Payé pour faucher le foin.	10
					512
				P Il reste encore en caisse.	1,588
					2,100

F° 3. COMPTE DE VACHES. F° 3.

DATES.			DATES.		
	D Acheté deux vaches à Rennes.	150		B Un veau vendu au boucher.	10
	M 200 kilos de paille de froment.	80		L Lait du mois vendu..	50
		230			60
				Q Valeur des vaches....	100
				T La valeur des vaches et leurs produits à l'époque de l'inventaire de fin d'année ne formant pas une somme aussi forte que le capital consacré à leur achat et le prix de leur nourriture, on a perdu sur ce compte la différence, qui est de.	70
					230

F° 4. COMPTE DU FROMENT. F° 4.

DATES.			DATES.		
	E Fumier acheté à la caserne.	32		J 25 hectos de froment vendu.	500
	G Labours et semences.	200		M Paille pour les vaches.	80
	H Frais de moisson.....	100			580
		332			
	S Différence ou bénéfice (1).	248			
		580			

(1) Cette différence doit être un bénéfice, puisque ce compte a plus donné qu'il n'a reçu.

F° 5. COMPTE DES PRAIRIES. F° 5.

DATES.			DATES.		
	F Engrais acheté......	20		C Foin récolté et vendu, 1000 kilos..........	40
	K Pour faucher........	10			40
		30			
	R Différence ou bénéfice.............	10			
		40			

F° 6. COMPTE DE PERTES ET BÉNÉFICES. F° 6.

DATES.	PERTES.		DATES.	BÉNÉFICES.	
	T Sur le compte de vaches.............	70		R Sur le compte de prairies............	10
		70		S Sur le compte de froment............	248
	Z La différence est de...	188			258
		258			

C'est juste celle qui existe entre le 1ᵉʳ et le 2ᵉ inventaire.

Tableau nº 2.   **TRAVAIL DES CHEVAUX**
PENDANT LE MOIS D

DATES.	Pour le froment, nombre d'heures.	Pour les prairies, nombre d'heures.	Pour le ménage, nombre d'heures.	Pour les chemins, nombre d'heures.				TOTAL des heures de travail.

Tableau nº 3.   **TRAVAIL DES EMPLOYÉS**
PENDANT LE MOIS D

DATES.	Pour le jardin, nombre d'heures.	Pour - le froment, nombre d'heures.	Pour les prairies, nombre d'heures.				TOTAL des heures de travail.

Tableau nº 4.   **CONSOMMATION DES CHEVAUX.**

DATES.	FOIN. Kilo.	PAILLE. Kilo.	AVOINE. Litres.				

Tableau nº 5.   **VACHES.**
CONSOMMATION.   PRODUITS.

DATES.	FOIN. Kilo.	PAILLE. Kilo.	RACINES. Kilo.		LAIT. Litres.	BEURRE. Kilo.	VEAUX.

Tableau nº 6.   **CONSOMMATION DU MÉNAGE.**

DATES.	Nombre d'individus nourris.	FROMENT. Litres.	VIANDE. Kilo.	LAIT. Litres.	BEURRE. Kilo.			

Tableau nº 7.   **MANOUVRIERS**
OU COMPTE DES OUVRIERS AUTRES QUE LES DOMESTIQUES.

DATES.	JOUSSET. Nombre de journées.	LOUIS. Nombre de journées.	MOUSSLET. Nombre de journées.	JEAN-MARIE. Nombre de journées.				TOTAL des journées.

F. Engrais acheté pour les prairies.

G. Argent pris dans la caisse pour payer la semence et les labours reçus par le froment (1).

H. Frais de moisson payés par la caisse et reçus par le froment.

J. Froment vendu et reçu en argent par la caisse.

K. Argent fourni par la caisse et reçu par les prairies dont il a payé le fauchage.

L. Lait fourni par les vaches et reçu en argent par la caisse.

M. Paille fournie par le froment et reçue par les vaches.

P. Argent restant en caisse, transporté sur la page à gauche du compte d'inventaire.

Q. Valeur des vaches donnée par le compte des vaches, et reçue par celui d'inventaire.

R. Bénéfices du compte des prairies.

S. Bénéfices du froment.

T. Pertes du compte de vaches.

Z. Différence des pertes et bénéfices reportée au compte d'inventaire pour le solder.

---

(1) Si le cadre de ce travail nous eût permis d'étendre davantage notre comptabilité, nous eussions ouvert un compte aux chevaux et aux grains en magasin, et le froment eût reçu la semence de ce dernier compte et les labours de celui des chevaux.

Si ce dernier compte n'était pas soldé, c'est-à-dire si les deux additions des deux pages en regard n'étaient pas rendues semblables par cette différence, nous aurions mal inscrit nos articles, et il faudrait refaire les comptes pour retrouver l'erreur.

Ce peu de mots sur la comptabilité vous suffiront pour établir des registres simples, et qui cependant pourront vous faire voir sur quel objet vous aurez gagné, et vous avertir aussi à temps, si vos entreprises devenaient ruineuses.

Je terminerai cet entretien en vous recommandant une grande activité, de l'ordre, une surveillance assidue et beaucoup d'exactitude en tout : qualités indispensables dans la bonne direction d'une ferme.

N'oubliez pas non plus qu'une conduite régulière, la loyauté, la bonne foi, la probité, et toutes les vertus qui sont le devoir d'un honnête homme, sont aussi la meilleure garantie des succès de vos travaux.

11. —ANNUAIRE AGRONOMIQUE. [1]

JANVIER.

Epierrements. — Les pierres seront déposées auprès des chemins qu'on voudra réparer, et étendues en temps sec. — Labours pour les semailles de printemps. — Transport de fumier sur les terres destinées aux plantes sarclées.

Fabrication de fécule.

Entretien des harnais (2).

Engraissement des cochons.

Confection des paniers pendant les longues soirées.

Battage des grains, lorsqu'on peut disposer d'une grange.

Entretien des sillons d'écoulement.

Labours préparatoires pour les céréales de printemps.

(1) Afin de se former un annuaire dans chaque localité, il est bon de tenir un cahier de notes sur lequel on inscrira tous les jours l'époque des semailles, des labours, des plantations, etc., ainsi que l'état de la végétation et de l'atmosphère.

(2) On graisse le cuir des harnais, après l'avoir légèrement mouillé avec un mélange de suif et d'huile de poisson.

FÉVRIER.

Emondage des arbres.
Entretien des haies et des fossés.
Semaille d'ognon qui sera transplanté en mai.
Plantation des choux-pommes et des choux branchus.
Semaille d'avoine noire.
Semaille de vesces.
Taille des arbres à fruits.
Semaille de petits pois.
Entretien des sillons d'écoulement.
Semaille de fèves.

MARS.

Semaille d'avoine.
Semaille de froment de printemps.
Semaille de trèfle commun.
Semaille de vesces.
Semaille des graines de prairies.
Semaille de chicorée.
Semaille de lin.
Semailles de toute espèce.
Greffes.
Commencement de la nourriture au vert avec les tiges
de navets et de colza.
Labours pour les plantes sarclées.
Hersage des blés.
Plantation des arbres résineux.

AVRIL.

Semaille de betteraves et de carottes.
Semaille de choux et de choux-navets.

Semaille d'orge.
Semaille de vesces.
Semaille de luzerne.
Semaille de trèfle commun.
Plantation des pommes de terre.
Hersage des prairies naturelles.
Semis de toute espèce qui n'auraient pas été faits en mars.
Nourriture au seigle fauché en vert.

MAI.

Plantation de pommes de terre.
Semaille de betteraves en place.
Semaille de sarrasin.
Semaille de haricots.
Plantation d'ognons.
Nourriture au trèfle.
Semaille de chanvre.
Transplantation des betteraves et des choux-navets.
Hersage des pommes de terre.

JUIN.

Binage et sarclage des pommes de terre et des bette-
raves.
Semaille de blé-noir.
Fenaison des prairies naturelles et artificielles.
Semaille de navets.
Récolte de graine de trèfle incarnat.
Tonte des moutons.

JUILLET.

Récolte du colza.
Semaille de colza.

7**

Récolte des graines de vesces.

Récolte de seigle.

Binages et sarclages des pommes de terre et des betteraves.

Semaille de moutarde blanche pour fourrage.

AOUT.

Semaille de colza.

Préparation de la terre pour la plantation du colza.

Semaille de trèfle incarnat.

Labours pour les récoltes dérobées qui doivent succéder aux céréales et précéder les récoltes sarclées et le sarrasin.

Moisson des céréales.

Récolte du lin et du chanvre.

SEPTEMBRE.

Semailles des récoltes-fourrages dérobées, tels que seigle, colza, navets, etc.

Récolte des pommes de terre précoces.

Plantation du colza.

Semaille du seigle.

Id. d'avoine blanche.

Récolte de graine de trèfle commun.

Id. du sarrasin.

Semaille de lin d'hiver.

OCTOBRE.

Récoltes des betteraves et des pommes de terre.

Confection des silos.

Semaille de froment.

Id. de vesces.

Récolte de pommes.

Plantation du colza.

NOVEMBRE.

Fabrication du cidre.
Semaille de froment.
Id. de vesces.
Raies d'écoulement.
Plantation des arbres.
Labours préparatoires.

DÉCEMBRE.

Labours préparatoires.
Plantation des arbres.
Entretien des rigoles et fossés.
Inventaire.

13. — QUANTITÉ DE NOURRITURE PAR JOUR.

NOMS des animaux.	AVOINE. LITRES.	FOIN. kilogrammes.	PAILLE. kilogrammes.	RACINES. kilogrammes.	NOURRITURE D'ÉTÉ.
Pour un cheval.	5 à 10	7 à 10	5 à 6	»	Du vert à discrétion.
un bœuf.	»	10 à 20	10 à 20	15 à 25	»
une vache.	»	5 à 10	10 à 12	10 à 20	»
un mouton.	»	1	1	1	»
un cochon.	Nourriture à discrétion.	»	»	»	»

12. — TABLEAU INDICATIF DE QUELQUES DONNÉES UTILES AUX CULTIVATEURS.

SEMAILLES ET RÉCOLTES.

NOMS DES PLANTES.	ÉPOQUE DE LA SEMAILLE.	QUANTITÉ DE SEMENCE par hectare.	PRODUIT PAR HECTARE.
Froment.	Octob., nov., février, mars.	2 1/2 à 3 hectolitres.	12 à 30 hectolitres.
Seigle.	Septembre, octobre.	*Idem.*	10 à 25 *idem.*
Orge.	Mars, avril.	3 hectolitres.	15 à 40 *idem.*
Avoine.	Sept., octob., février, mars.	3 à 3 1/2 hectolitres.	15 à 35 *idem.*
Sarrasin.	Mai, juin.	1 hectolitre.	20 à 30 *idem.*
Pommes-de-terre.	Avril, mai.	20 à 25 hectolitres.	200 à 300 *idem.*
Betteraves.	*Idem.*	4 à 5 kilogrammes.	20,000 à 40,000 kilogrammes.
Carottes.	*Idem.*	*Idem.*	15,000 à 30,000 *idem.*
Navets.	Juin, juillet.	8 à 12 litres.	15,000 à 30,000 *idem.*
Colza.	*Idem.*	*Idem.*	12 à 25 hectolitres.
Lin.	Octobre, février, mars.	4 à 4 1/2 hectolitres.	5 à 10 hect. de graine, 200 à 500 kilog. de filasse.
Chanvre.	Mai.	2 à 3 1/2 hectolitres.	5 à 10 hect. de graine, 300 à 600 kilog. de filasse.
Trèfle commun.	Février, mars, avril, mai.	25 à 30 kilogrammes.	3,000 à 6,000 kilog. de fourrage sec.
Trèfle incarnat.	Août, septembre.	30 à 40 kilogrammes.	3,000 à 5,000 *idem.*
Luzerne.	Avril, mai.	30 kilogrammes.	6,000 à 8,000 *idem.*
Sainfoin.	Mars, avril, mai.	5 à 6 hectolitres.	3,000 à 5,600 *idem.*
Vesces.	Septembre, octobre, novembre, février, mars.	3 hectolitres.	*Idem.*
Ray-grass.	Sept., octob., février, mars.	40 à 50 kilogrammes.	*Idem.*
Chicorée sauvage.	Septembre, février, mars.	15 kilogrammes.	On ne la fait consommer qu'en vert.
Ajonc.	Mars, avril.	12 à 15 kilogrammes.	*Idem.*

14. — *Quantité d'engrais et d'amendements à employer par hectare pour obtenir une bonne fumure.*

Fumier d'étable.......... de 20 à 30 charretées de 2,000 kil. chacune.
Poudrette dite margane .. 100 à 150 hectolitres.
Noir animal.............. 6 à 8 hectolitres.
Cendres................. 20 à 30 hectolitres.
Chaux................... 20 à 30 barriques (46 à 69 hectolitres.)
Plâtre.................. 3 à 4 hectolitres.

15. — *Poids de divers produits pour un hectolitre.*

Froment................. 75 à 80 kilogrammes.
Seigle.................. 66 à 72   *idem.*
Orge.................... 60 à 70   *idem.*
Avoine.................. 40 à 60   *idem.*
Sarrasin................ 60 à 70   *idem.*
Colza .... 60 à 70   *idem.*
Pommes de terre......... 60 à 70   *idem.*

16. — *Rapport approximatif de quelques mesures locales avec les nouvelles mesures.*

L'hectare vaut à peu près 2 journaux de 80 cordes.
                         ou 1 jour et demi de 120 cordes.
                         ou 4 journées de fauche.
Le boisseau à blé-noir contient 31 litres environ.
    idem   à froment contient 25 litres environ.
La somme de froment vaut 2 hectolitres environ.
    idem   d'avoine   2 hectolitres et demi environ.

17. — *Explication de quelques termes employés dans ces Leçons.*

Acide, qui a un goût aigre plus ou moins fort, comme le vinaigre, l'acide nitrique ou eau forte, l'acide sulfurique ou huile de vitriol, l'acide hydrochlorique qu'on tire du sel marin.

Améliorer une terre, la mettre en bon état.

Ameublir une terre, la rendre plus légère, la diviser.

Amender une terre, corriger ses défauts.

Ammoniaque ou alkali volatil, liquide d'un goût brûlant, d'une odeur très-vive, qu'on retire du sel ammoniaque.

Araire, charrue sans roues.

Alterne (*assolement*), où la même culture ne vient pas deux fois de suite.

Assolement, manière de partager le sol d'une ferme en différentes cultures.

Atmosphère, tout l'air qui nous entoure, où se forment la pluie, la grêle et les orages.

Appareil, ensemble de pièces, de vases, de machines servant à une même chose.

Biner, bêcher la terre entre deux rangs de plantes, ou entre des plantes, quand elles ne sont pas en rang. On bine les betteraves, les carottes et les pommes de terre, etc.

Caractère d'une plante, d'une terre, d'un animal, signes extérieurs auxquels on les reconnaît.

Capital d'une ferme, tout ce que possède le cultivateur.

Comptabilité, l'art de tenir un compte exact de tout ce que l'on reçoit, de tout ce que l'on dépense, et aussi de tout ce que l'on fait.

Cylindre, pièce ronde plus ou moins allongée et de même grosseur partout.

Combustible, substance qu'on peut brûler.

Calcaire, qui contient de la chaux.

Compacte (*terre*), terre lourde, serrée, qui se tient, difficile à diviser, à ameublir.

Décomposer, défaire, changer de forme. Les plantes en se décomposant passent à l'état de terreau ; le fumier se forme par la décomposition des diverses matières végétales ou animales qu'on mêle ensemble.

Développement des plantes, leur accroissement.

Dominer, être placé au-dessus, surpasser ; exemple, la terre argileuse domine dans les environs de Rennes.

Dose, la quantité qu'on emploie d'une chose.

Élément, corps simple qui sert à en former d'autres.

Energique, qui a beaucoup de force.

Économie, manière de ménager, d'entretenir, d'employer les choses, de manière à en tirer le meilleur parti.

Egrugé, broyé ou moulu grossièrement.

Exploitation, tout l'ensemble des travaux d'une ferme.

Exciter la végétation, la rendre plus forte, plus prompte, plus active.

Fermenter, bouillir, se décomposer avec ou sans chaleur. Le cidre, le vin, fermentent en bouillant et la pâte en levant.

Fécule, espèce de farine.

Imperméable, qui ne laisse pas passer l'eau, exemple : étoffe imperméable, terre imperméable.

Incisives, dents tranchantes placées sur le devant des mâchoires.

Mitoyennes, dents placées entre deux autres.

Méthode, manière de faire, pratique, réunion de conseils ou de préceptes pour faire une chose.

Nutritif, nourrissant.

Organisation, manière dont les différentes parties d'une plante ou d'un animal sont faites et disposées.

Perméable, qui laisse passer l'eau.

Part des animaux; vélage, poulinage, agnelage.

Schiste, pierre feuilletée, ressemblant plus ou moins à l'ardoise et appelée dans le pays *tuf*.

Silique, espèce de coque qui renferme la graine des choux, du colza et des navets.

Spéculation, affaires ou suite d'affaires ayant pour objet un bénéfice.

Sol, terre.

Sole, une des parties de l'assolement ou division d'un assolement.

Surabondant, qui existe en trop grande quantité.

Substantielle (terre), qui fournit beaucoup de nourriture aux plantes.

Substance, matière.

18. — EXPLICATION DES FIGURES.

Fig. 1. — Haie triple plantée sur un talus.
— 2. — Emplacement à fumier.
— 3. — Tonneau destiné à transporter le jus de fumier.
— 4. — Bande de terre retournée par la charrue.
— 5. — Parties non labourées qui restent au milieu des petits billons.
— 6. — Charrue Dombasle.
— 7. — Charrue de Bretagne.
— 8. — Intervalles non labourés qui se trouvent entre chaque bande de terre soulevée par la charrue de Bretagne.
— 9. — Herse Valcourt.
— 10. — Rouleau.
— 11. — Pomme de terre placée sur une bande de terre à la moitié de la profondeur du labour.
— 12. — Silos.
— 13. — Jeune arbre de pépinière.
— 14. — Arbre transplanté et dont la tête est disposée sur trois ou quatre mères-branches.
— 15. — Fourneau surmonté d'une barrique pour faire cuire les racines.
— 16. — Vase pour faire crêmer le lait.
— 17. — Baratte Valcourt.
— 18. — Moule à fromage.
— 19. — Mâchoire d'un jeune cheval.
— 20. — Mâchoires se réunissant sous un angle plus ou moins aigu.

TABLE

ALPHABÉTIQUE

DES MATIÈRES CONTENUES DANS CE VOLUME.

I

O

Pages

P

Q

R

S

T

U

V

ERRATA.

Page 8 et suivantes, au lieu de : Table des Matières, lisez : *Sommaire des matières.*

Page 9, ligne 26, au lieu de : Transplantations, lisez, *Transplantation.*

Page 24, ligne 25, au lieu de : Un peut compacte, lisez : *Un peu compacte.*

Page 34, ligne 1re, au lieu de : Moissons, lisez : *Maisons.*

Page 41, ligne 19, au lieu de : Meilleur préparation, lisez : *Meilleure préparation.*

Page 46, ligne 6, au lieu de : Le fumier sur tas, lisez : *Le fumier sur le tas.*

Page 49, ligne 17, au lieu de : Les planches en larges billons, lisez : *Les planches ou larges billons.*

Page 60, ligne 18, au lieu de : Butteurs, lisez *Butteur.*

Page 64, ligne 21, au lieu de : Le petit orge à deux rangs, lisez : *La petite orge à deux rangs.*

Page 74, ligne 10, au lieu de : Sur leurs plantes, lisez : *Sur les plantes.*

Page 79. ligne 19, au lieu de : Tenues, lisez : *Tenaces.*

Page 81, ligne 23, au lieu de : On sème de deux à trois hectolitres de graine, que l'on recouvre légèrement, lisez : *On sème de deux à trois hectolitres de graine par hectare, que l'on recouvre légèrement.*

Page 83, ligne 18, au lieu de : Nos prairie , lisez : *Nos prairies.*

Page 87, ligne 19, au lieu de : Lorsqu'on plantes des betteraves, lisez : *Lorsqu'on plante des betteraves.*

Page 88, ligne 7, au lieu de : Epine, lisez : *Epines,*

Page 88, ligne 21, au lieu de : Toutes les terre, lisez : *Toutes les terres.*

Page 94, ligne 20, au lieu de : (Celle de la famille des légumineuses), lisez : *(Celles de la famille des légumineuses).*

Page 106, ligne 28, au lieu de : Elle le font, lisez : *Elles le font.*

Page 109, ligne 27, au lieu de : Avec ses feuilles, lisez : *Avec des feuilles.*

Page 112, ligne 22, au lieu de : Peu de liquide , lisez : *Peu de liquides.*

Page 113, ligne 3, au lieu de : Celles qui exige, lisez : *Celles qui exigent.*

Page 114, ligne 28, au lieu de : On les fait tout simplement égoutter, lisez : *On le fait tout simplement égoutter.*

Page 143, ligne 24, au lieu de : 4. — , lisez : 4°.

Page 143, ligne 24 , au lieu de : Aussi dû reconnaitre, lisez : *Aussi cru reconnaître.*

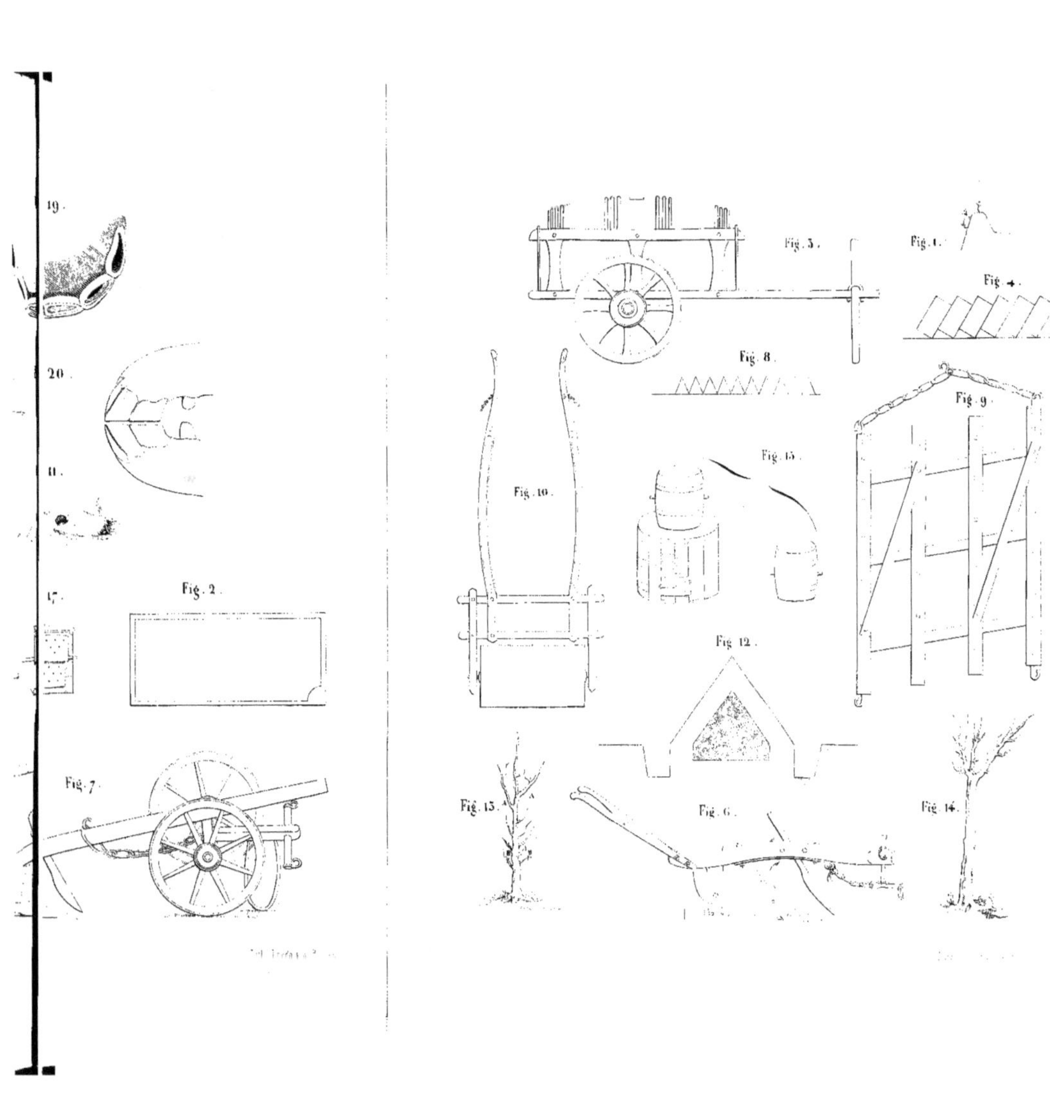

19.
20.
21.
17.
Fig. 2.
Fig. 7.
Fig. 3.
Fig. 1.
Fig. 4.
Fig. 8.
Fig. 9.
Fig. 15.
Fig. 10.
Fig. 12.
Fig. 13.
Fig. 6.
Fig. 14.